U0811134

今生缘

牵手一生的约定

牛春龙·著

人民东方出版传媒
東方出版社

图书在版编目（CIP）数据

今生缘 / 牛春龙 著. —北京：东方出版社，2014. 1
ISBN 978-7-5060-7815-3

Ⅰ. ①今… Ⅱ. ①牛… Ⅲ. ①女性—人生哲学—通俗读物 Ⅳ. ①B821-49

中国版本图书馆 CIP 数据核字（2014）第 252725 号

中文简体字版专有权属东方出版社
著作权合同登记号 图字：01-2014-6744 号

今生缘
（JIN SHENG YUAN）

作　　者：牛春龙
责任编辑：简以宁　杨英瑜
出　　版：东方出版社
发　　行：人民东方出版传媒有限公司
地　　址：北京市东城区朝阳门内大街 166 号
邮政编码：100706
印　　刷：北京捷迅佳彩印刷有限公司
版　　次：2015 年 1 月第 1 版
印　　次：2015 年 1 月第 1 次印刷
开　　本：710 毫米×1000 毫米　1/16
印　　张：12.75
字　　数：150 千字
书　　号：ISBN 978-7-5060-7815-3
定　　价：48.00 元
发行电话：（010）64258117　64258115　64258112

版权所有，违者必究　本书观点并不代表本社立场
如有印装质量问题，请拨打电话：（010）64258029

春龙 19 岁的青春年华

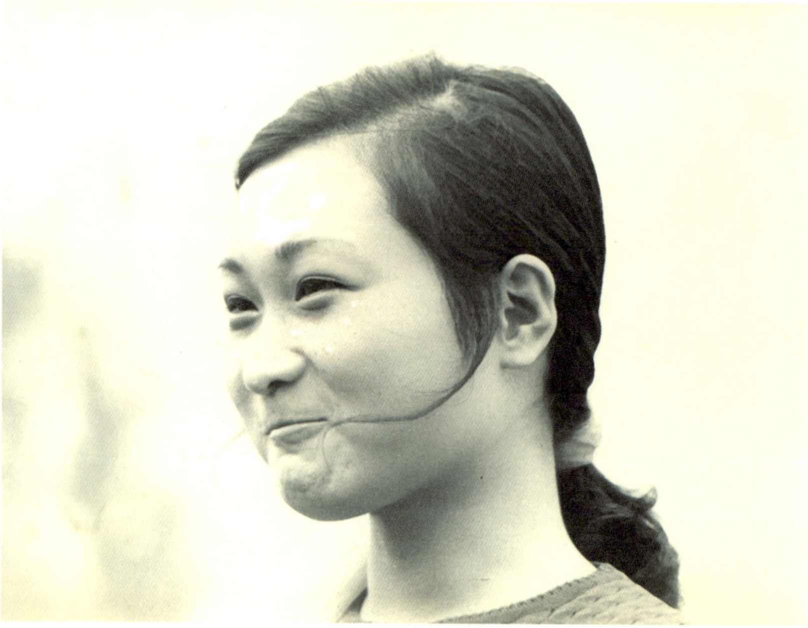

青葱岁月

年轻的吴宇森与年幼的大女儿

一家五口在香港

老二吴飞霞在《太平轮》中的剧照

新婚燕尔

1993 年，在英国留影

1987 年 8 月，参加宴会

1993 年，在伦敦街头

1997 年，吴宇森获得金马奖最佳导演奖后

2005 年，意大利威尼斯的小河巷内

2008 年，与梁朝伟合影

1996 年，与梅艳芳、张国荣合影

1998 年，与顾长卫、蒋雯丽夫妇在美国家中

2008 年，台湾金马奖现场

1990 年，与林青霞合影

2002 年，吴宇森与尼古拉斯・凯奇为电影做宣传

春龙不同风格的过往岁月

吴宇森夫妇与星云大师等合影

吴导及两位女儿与汤姆·克鲁斯

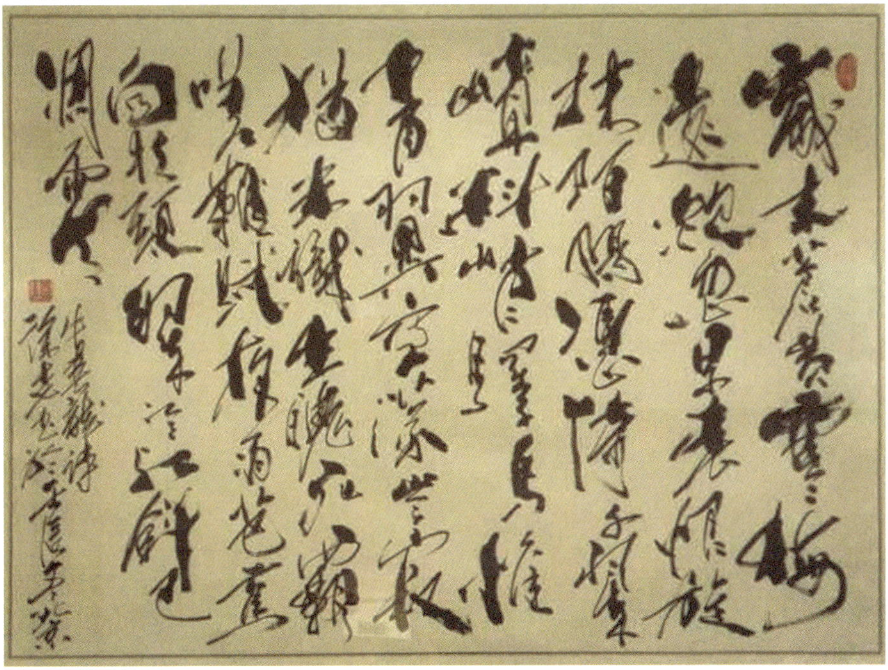

徐克书写春龙的诗

此生，来世！
春龍
2014年
10月5日

目　录

001

自序　吴先生给的是另一层面的生活，他给我优质的家庭生活及三个可爱的孩子，让我懒散的心，立时变得积极起来，在改进当中不断修进自己的行为，好好为自己负责。

003

序——吴宇森　读春龙的故事，也是许多人的故事。当然在这个世界上有人远比她更为坎坷，人生更令人荡气回肠，但起码她是出于一片真情，一种企盼！正如大多数人一样，内心都有着对爱的追求，深藏着对爱的珍惜与拥有。

005

没有“春”风，何来真“龙”——胡志强　宇森常年为工作打拼，春龙始终是最大的后盾。她不但坚强、勇敢地护卫着整个家庭，更有浓浓的爱心。

008

开场白　生活嘛！就是让自己在随缘中莫刻意追求；要活得坚强又有力，学习在简单中拥抱着自在，这样不是很好吗？那么在此时我们该如何让自己活得惬意快乐？又该如何自处呢？只需抱着一份随缘的心顺势而为。

001
第一章　父母恩慈
"父女缘"三个字，让我内心备感神伤，毕竟穷尽一生的感念，"父亲"在我心里永远是个名词。母亲一生坎坷，她来到这世间，每一脚步的跨度，都充满地雷的引线，就像踏进一块锻炼人生的道场；她独自一人带着我们披荆斩棘，艰难又刺激。

031
第二章　我与宇森
五百年——月半斜影独徘徊，够不够？够！五十年——活在一个人的心底，够不够？够！五年、五分钟——就只活在这世上一回，够不够？够！春龙此生拥有吴先生真诚、真意与真心，无论日子短长，春龙会珍惜此段浓情爱意，此生足矣！

081
第三章　手足情
我与兄姐虽然同生在一个家庭，他们却总是保持着神秘感，将沧桑埋在心底。只有姐姐在人生道路上紧握我的手，宇森常心怀感恩向姐姐说："谢谢。"

099
第四章　我的儿女功课
上天给我最完满的数目，就是三。三个小孩，每一个，都有不同的个性存在，妈妈恨不得要把每段回忆，变成一首诗歌来吟唱。

117
第五章　我的朋友们
我认为自己是个学生而已，当我走在人生这条路上，无论曾经对错，我已获得许多人的包容与宽爱，自认此生无憾，让我心生感恩。我乐见每位朋友稳走当下的路，请保重。

139

第六章　我的佛缘

无论身在何处，每当体内精神能量减弱时，我会将“自在”放在当前，自动把心放入佛光山的大悲殿内去储量。大悲殿是我心中永不泯灭的清净之地，就像佛光山一样，永远是我心中的佛光山。

162

附录　风雅颂画

自 序

我妈妈于2006年6月4日去世。这些年过去了，叫我再写序。我依然是感谢我妈妈所付出的一切。她真的是拼全力给我们安全良好的环境。我经常说，如果各位在我身上看到优点，请加分在我妈妈身上，因为她教得好。如果各位看到我身上的缺点，请扣我的分，因为我学得不及。

当然，不同的人与我们相遇必有其因，我则是抱以学习心去看待，每位身上的潜质无限，站在眼前的都是我的老师，不分资幼资长，其中的诚意我收下也留下了。虚假的人我是留不住的，尤其是在外张旗借势的人，身不在其职却借势欺人，与国家提倡的“讲道德、尊道德、守道德”真是相去甚远。

我心中非常感激能持之以恒善待我的善人，他们的重义放在我心里，化成了感恩，让我当下的每一天都很愉快。

吴先生给的是另一层面的生活，他给我优质的家庭生活及三个可爱的孩子，让我懒散的心，立时变得积极起来，在改进当中不断修进自己的行为，好好为自己负责。

因此在外人眼中的可爱，不是用讲的，一定要由本身实质做起，让人接收到真情的人值得去爱，人们也不会吝啬抛出“可爱”两字。

看！彼此都有爱心多好！缘份源源不断。

序

吴宇森

人间要有爱，才能让我们活得活泼、可爱。有尊严，懂得什么是爱，那是幸福的。我们从孩提时开始，最先懂得的是爱父母，年岁渐长，懂得爱自己，爱他人，然后爱及全社会，乃至全世界。没有了爱，人会活得寂寞，到了最后如一片残叶，毫无知觉地随风而逝。

当生命到了某一个阶段，或成家立业，或看着身边孩子们一片纯真的脸庞，便会有所追忆，自然而然地自脑海中翻开一页页前人给我们的爱。父母曾给予的一切或点点滴滴悲喜事，总令人有所感念，有所反思。春龙的《今世缘》提到对母亲的爱和尊崇，对父爱有所渴望而不得，依依之情，溢于言表。由于念及母爱的动力，遂把感激之意化为爱的延续，她把这份无私的爱留给了子女、丈夫，亲朋。也教子女能把爱融于社会，一样无私地接受他人的爱，好使他们如一片绿叶，随风而生，却不至于失落。

在《赤壁》一片中，曾经有过小乔对周瑜说的话：

“要了解丈夫在想些什么，最好能偷偷读他所爱读的兵书。”由于我时刻都在忙于工作、思考和应付庞大的压力，以致很少时间与妻子交谈。况且个人一向木讷少言，要我每天说着我爱你三个字，总觉得不是性格，说多了又会觉得就算是真实也会变成了谎言，这又与我实事求是的作风有所不符。于是只好换了个周瑜对小乔说，要了解妻子在想些什么，最好能读读她所写的书，与她一同追忆，这也是彼此沟通的一种方式。

读春龙的故事，也是许多人的故事。当然在这个世界上有人远比她更为坎坷，人生更令人荡气回肠，但起码她是出于一片真情，一种企盼！正如大多数人一样，内心都有着对爱的追求，深藏着对爱的珍惜与拥有。

吴宇森写于北京

PS：当春龙看完了宇森写的序言时，不禁莞尔偷笑，乐了。因为宇森不好意思说这是“宇森想要对春龙说的真心话”，却要用周瑜对小乔说，嗯！阿龙还是笑了。

没有“春”风，何来真“龙”

胡志强

近来我见过最浪漫的事，莫过于扬名国际影坛的大导演吴宇森，把内心里想要对太太牛春龙说的真心话，婉转曲折地借着电影《赤壁》来表达。

电影里，小乔对周瑜说：“要了解丈夫在想些什么，最好能偷偷读他所爱读的兵书。”而吴宇森真正的意思是：“要了解妻子在想些什么，最好能读读她所写的书！”

他也乐意让身边的好朋友，分享太太的智慧结晶。

在我眼中，吴宇森和牛春龙这对夫妻是“才华洋溢、有情有义”的。先生内敛冷静、太太热情温暖，两人都非常诚恳实在，对朋友绝对是毫无保留地付出。

老实说，在吴导尚未在国际影坛大出风头前，我比较敬佩吴太太。长期以来，我们一直保持书信往返。让我印象很深刻的是，有一回吴导寄给我一个包裹，我以为里面一定是他自己电影的DVD，结果居然是牛春龙的书。从这里，我看到了他对春龙的敬爱与佩服，打心眼儿里深以爱妻为荣。

宇森常年为工作打拼，春龙始终是最大的后盾。她不但坚强、勇敢地护卫着整个家庭，更有浓浓的爱心，她对家人与友人的爱，总让我联想到“化作春泥更护花”这句诗，精微描绘了她不计代价、无怨无悔的付出与包容。

春龙以前常常一个人带着三个儿女过日子，打理孩子们日常的生活起居，并且机动性地出任先生的“军师”兼“打杂”。其间，还努力抽空读书、写书，充实自己。因为宇森拍戏太忙，神龙见首不见尾，吴家小朋友在学校总以低姿态出现，甚至说爸爸的职业是“验尸官”，免得别人东问西问。这段辛苦的岁月，幸亏春龙为母则强，一手扛起了半边天。

众所周知，电影这条路并不好走，想成功一定要努力，但努力并不保证成功，还需诸多“天时、地利、人和”的配合。除了工作的挑战，两人更须面对经济困顿与人情冷暖的考验。无论寒冬或炎夏，他们在风雨中一路走来，感情越来越契合，也慢慢从“柴米夫妻”修成“神仙眷属”。

在美国，他们夫妻与我太太有共同的好友。晓铃还没出车祸前，有一次到洛杉矶去看他们，领教过两人的绝佳厨艺，留下很欢乐美好的回忆。

我们出车祸时，他们人在大陆，一听到消息，急切地打电话到医院病房关心病情，还陆续以传真表达慰问。三年以来，他们关怀的信件不曾间断，给了晓铃很大的勇气与力量，也是她在病中极大的安慰。

通常我们每个月都通一次信，聊聊近况，而回信的任务，当然就落在我身上。所以说，我不但是他们夫妻的观众、读者，还是“笔友”呢！

这次我能受邀为春龙的新书写序，深感荣幸。这本书叙述她的今世缘，包括亲情、爱情与友情，每篇文章的主题围绕着春龙对“爱”的珍惜、追求与实践。文笔温柔敦厚、幽默生动，读文如见其人。最难得的是，书里处处可见她对中国经典著作与佛经的深刻体会，令人回味再三。

真的，看完此书，“回味再三”的结论，就是“吴宇森所以成为一条龙，完全是靠他老婆带来的春风啊！”

开场白——今生缘

此篇短文算是我的一段开场白，二〇〇六年，我当时身在北京，北京气候干旱至极，难得适逢一场小雨。几个月以来，就只客气地下了两场小雨，让我分外想念台北午后的西北雨。

此时坐在厅内角落的我，试着将身心融入宁谧的静空，耳边了无嚣尘声，就那样沉静地坐在椅上，让自己一头栽在无为的片刻时分。时间仿佛在静坐中停顿了，显而易见的，今天我花了较长的时间在此静坐，除了沉思之外也多了一份心意用于深观与自省。

沉静良久，感觉纱门外传来阵阵清风，徐徐地渗入室内周边，凝视斜照门边上的日影黄光，身心顿觉舒畅，这真是难得的“浮生半日闲”。在如此自处下，心中荡漾着惬意，似涟漪般层层扩散，伴随一份适时的“静”“空”状态，我的嘴角情不自禁地微扬着笑意；像现在，当我静坐于此，停顿在当下，让紧绷的情绪放松，把烦恼给放下，或许在须臾中会令智慧繁生呢?!

我想，这世上不知会有多少人愿意享受如此独处的时光？对我来说此时有释怀与减压的作用，这是一个蛮好的空间呢。

所谓禅心与禅意皆可随意展露，是不须刻意制造求得的。例如气候，一场大雪的骤降或一阵强风的掠过，都是不经意地自然发生，经常是在没有预告的情况下来临，因环境突变，而让心境强迫面对时，无论接受与否，在我看来只有学着接受的份儿。

我认为，生活嘛，就是让自己在随缘中莫刻意追求；要活得坚强又有力，学习在简单中拥抱着自在，这样不是很好吗？那么在此时我们该如何让自己活得惬意快乐？又该如何自处呢？只需抱着一份随缘的心顺势而为。

尽管如此，我也暗藏个人喜好，像我就偏爱“雨天”的来临（不喜雨天的人可别骂我），每逢雨天，我的内心就情不自禁地欢欣，整个情绪因而高涨。我是多么喜爱凝视被雨水清洗干净的街道！尤其是经雨水洗洒后，污秽瞬间全无，眼前景观顿时美得脱俗：不仅原本了无生气的小花看来更加清丽，街头灰蒙蒙的大树也尽褪了乌尘，大地万物看来特显意志盎然，无形中给雨气加了分！

而我喜欢雨天的原因，还因雨水来自于自然，它并不因个人的喜爱而蓄意表现什么，也不因别人的憎恶而强加遏止不下。这种来自自然界的东西，谁能说什么呢！当然许多时候，雨季的来临总会带来许多无情的破坏与不便。嗯！因为气候的带引，当人们碰到突变的天灾，会产生怨气情结，这种怨叹对自然界来说，就变成一种很没意思的事了。

我认为小雨是一种天然的怡情剂，偶尔来之倒也不坏，只是暂把大地污垢给清洗得干净而已。当然我并不推崇暴风雨的袭击，也不愿见雨瀑、雨涛肆虐，横扫四处，带来强横的破坏；我喜欢的只不过是偶尔来之的小雨，让我们可随意地穿着雨衣或打把小伞，走在人行道上，令自己在微蒙灰霾的低压下独处，享受孤寂的滋味！

看！我把雨天当作溢满于心的情愫看待，当下的心怀就处之泰然，心中并无怨憎的呀！总之，让自己抱持着轻松心态顺势而行，这样也算是随性的面对吧！

其实我们要活得开心，就把大自然的赐予，随性地看在眼里、轻柔地搁在心里，让我们在没有选择的情况下，气定神闲地享受一番，这又何尝不好呢！

第一章
父母恩慈

“父女缘”三个字，让我内心备感神伤，毕竟穷尽一生的感念，“父亲”在我心里永远是个名词。母亲一生坎坷，她来到这世间，每一脚步的跨度，都充满地雷的引线，就像踏进一块锻炼人生的道场；她独自一人带着我们披荆斩棘，艰难又刺激。

一　父亲缺席了

1

一九五四年底，父亲因故被带走，母亲那年三十二岁，我从此失去了父亲。

想着“父女缘”三个字，让我内心备感神伤，毕竟穷尽一生的感念，“父亲”在我心里永远是个名词。

名词这东西，究竟要如何使其融入感念之情呢？嗯！不妨给我点时间，给予我思考父亲的一些……一些什么呢？实难启齿。如果要我来描述自己与父亲的情缘，我只能这么说，我的诞生，仅是让我弥补父亲不在的空缺，这理由听来虽有些牵强，但，只有听之了吧。

有关他的一些资料全来自母亲的告知，早在一九三几年，中国抗日战争开始，面对国乱当头的局面，身为男人的父亲，从军参战之后，才与母亲结婚，他肩负起家的重责，把“家”带着四处跑（逃难）。

据母亲说，平时父亲最大的乐趣是拉二胡，嘴里哼着评剧乐曲，至于唱评剧嗓音如何，我就无从考究。母亲又说，移居香港后，生活条件开始好转，父亲经常会叫姐姐到小店为他打二两酒，自己独饮。像我们这样普通的人家，经由母亲对我们适当的修理（挨打），早已达到了先为社会

"除暴安良"的示范，也算表示母亲对家庭的尽责吧！

母亲说，一九四九年自上海抵香港，一家人得以团聚，是一件很不简单的事。无论如何，母亲认为艰辛逃难的生涯，自此该是告一段落的时候，她还认为，幸福的日子当随之而来，她的心愿，就是眼见子女成长，与丈夫共同携手守着年岁的老去。

我们抵香港不久，父亲因电报方面的强项，适时被第三势力征用，父亲的这份差事，出差率高，经常被派往外地受训，明知谍报工作危险性高，但是父亲早把性命置之度外。而我私下认为，在他们十三年的婚姻生活里，父母亲虽聚少离多，可他们情同一体。我的兄长春生的死，是父亲的痛，亦是母亲的痛啊。父母的感情生活在打击中，变得更为坚韧，在苦难面前，互相扶持互相体惜得更甚。

后来迫于时局的压力，父亲宁愿选择牺牲自己，独自面对这种不归路的风险。母亲已无法预算往后的情势，一切只有顺命而行。

如今看到我们的家庭照，似并无特别感受，但对母亲而言，却珍贵万分。我小时候，常看母亲翻动装在圆形饼干盒内的报纸与相片，那里面藏有她所有的回忆，尤其一张一九五四年的星岛日报。不识字的母亲为了亲自阅读报章内容，感受父亲不死精神的存在，在台北，报名参加妇女补习班，勤学写字念书，仅用半年时间，她已能每天抓着报纸坐在客厅中念读，她真的很有毅力。那张星岛日报，成为母亲心中的精神依附，靠她的努力用功，她还学会了写字读报，后来竟然又念通了经文，看！我眼中的母亲，她学习的精神好棒！

一九五四年十一月二十五日（星期四）的星岛日报，刊登着十三个美国人与九个中国人在某境内迫降的事，暴露了父亲——牛松林的谍报工作。当时刊登于报章的余波，成为许多人茶余饭后的新闻，而对我们而言，那字里行间早已铺满不归路的告白；父亲工作的曝光，也宣告我与父亲之间父女缘断。母亲在举目无亲下，只有选择带我们移居台湾，远离伤心地。

2

一九六三年，因为办理护照的关系，才知道原来办本护照也是一种非分之想。起因就在我们踏入台北的那天起，情报单位已把我们列入黑名单。

台湾只是我们成长、接受教育的地方，若因父亲的影响而受到无辜的牵连，对我们来说非常不公平。因为这件事的曝光，原本坦荡的情怀却变成黑暗的一角，让我们只能大叹无奈，因此日后我们不涉猎政治，甚至达到毫无兴趣的地步，也是事出有因。

然而就因母亲手上握有那张星岛日报的证据，经在台美领事的认可，说只要哥哥取得护照，一切出入都没有问题。还好，那时政府已放宽许多限制，因报纸的凭据，经母亲多方奔走，哥哥得以顺利出国念书，母亲心力的付出与哥哥在美艰辛的求学，让我觉得他们都是难得之人。十二年后，姐姐、二哥、母亲与我，因大哥的关系，全数移居美国，远离了台湾。

一九七五年移居美国，我已尝试把眼光放远，在一九九八年左右，经洛杉矶当地健华社联络，身为女儿的我，用父亲的名义，在中国境内成立了十五座“牛松林图书馆”，此举纯为纪念父亲，希望人们在自修中，得到无限的受益与关爱。

不曾失去父爱的孩子，永远体会不到我的感受，昨日之事已成史迹，一切的告白已于事无补，五十几年的往事随我们的成长而烟消云灭，尤其母亲去世后，故事永远是故事，已经没有值得再去追究的必要。

当年类似父亲那般因特殊工作而导致家庭支离破碎的，不只我们一家。而是如报上所刊登的，共二十二个家庭同告破碎，二十二个家中成员，同样担负着生离死别的痛苦。

以任何角度去看，时光已逝，我难以用感念去描述自己与父亲的薄缘，仅同情父亲身为那个动荡时代的悲情角色，他是不幸的；然而父母在苦难当中，却拥有颠沛的真情生活，是值得庆幸的，可惜父母最后因情势变化而告天人永隔，难偕白首。五十年来，我曾期待梦中能与父亲相会，然而岁月流转，父亲却不曾入梦来。我想他终究是离我太遥远，连最后的奢望也变成了遗憾。

自母亲去世后，我对父亲的一切，已无从再去追问，我让母亲带走属于父亲的所有记忆，最终只有感谢上天让父母团圆在天际。

如今已过了五十多年，我的确做到了当年兄姐对我下达的指令，他们曾让我“以后别再问父亲的下落”，他们给我的旨意，到现在为止依然有效，我也年过半百，我认为五十年并不算什么，何不如让我把它变成一张“百年不问”的通行证呢！

我的父亲

每当我忆及父亲在他乡孤寂地辞世，内心难免会有一阵唏嘘，对父亲的感念也会愈深，因此我把感念化为力量，不仅对自己的父亲是这样，也遥祝天下所有的父亲，多疼爱孩子、多珍惜家庭生活，永远幸福。

如今在我手中，仅存一张父亲的遗照、一张星岛日报与一份来自中国驻美使馆的慰问信函，这几样东西是母亲的遗物，对我来说已够了，有一天，这些东西、这些记忆，也将会随着我踏入另一个世界，烟消云灭。

春龙希望父母亲在天之灵安息！

二　母亲

1

二〇〇六年六月四日这一天，母亲因心肌梗死撒手人寰，算来时间正是我与宇森搭乘华航班机，飞往台北的途中。而我在不知情的情况下，在台北怡然自在过了两天，六月七日清晨七点左右，方接到女儿从洛杉矶打来的电话，得知母亲已去世的消息，一时悲不自禁。

母亲在二〇〇五年经过一次抢救后，健康时有状况，但实不足以在没有讯息的情形下说走就走了吧！当时，我听完电话后呆呆地坐在床边，不知如何整顿慌乱的思绪，难过得失了方寸，泪水不听使唤，“唰”地滑下面颊，在那当下，我脑内的思绪全部空白。

宇森得知消息，马上将我们预备飞往北京的航班取消，瞬即安排当日航班飞回洛杉矶，我在机上吞下一颗安眠药，暂把悲伤搁置，一心只望赶回洛杉矶去看妈妈最后一眼。

六月七日（星期三），下午四点半抵达洛杉矶，我们马上自机场开车向东边玫瑰山而去，希望赶得及那守夜前的一堂经。可惜，当我们赶到时，只见到姐姐、二哥、二嫂，念经团的师父已离去，我连助祷念经的机会也没赶得上。

夜晚七时许，我立于棺木前，细看母亲那张庄严瘦小的脸，我的内心万般不舍，母亲却就这样离我而去，不舍、不舍还是不舍。我久久立于棺前，真的不愿离去，可是又能如何？只能悄悄地跟母亲道别——“妈妈，此缘已了，以后无缘再叫妈妈了！”而坐在我身后椅上的姐姐、二哥默然无声，只余留放在母亲耳旁的阿弥陀佛唱诵音在四周回响！

六月八日（星期四）清晨八点，又赶往玫瑰山，由西来寺住持慧济法师和宗元法师、觉法法师三位法师为母亲念诵最后一堂经，诵完经后，一切仪式从简，母亲遗体随即送往隔间焚化炉，大哥缺席，由二哥操点火苗，“当”的一声，在火光中天人永隔，焚化炉内传出的噼啪声，让我感叹，即使母亲生前受了多少委屈，包括曾有的一切因缘，此刻只余一撮灰烬，全散了。

母亲终究还是聪明的，早于十多年前，她已做好后事的准备，只要母亲喜欢，姐姐与我自然遵办。譬如放在衣柜的寿衣早备妥搁置一旁，她对火葬的叮咛，她喜欢西来寺的灵骨塔存放处……对于死亡，母亲在心理上已经做好充分准备。对于生死，她用“南无阿弥陀佛”声号做了最后的引句，我与姐姐让母亲心愿已了，我们强忍悲痛，奉上心香无数，送走母亲最后一程。

母亲的逝世，令我神伤年余，每写出往事片段，自己都伤心不已，只知母亲当年尽力栽培我们的结果，让我们今日得到最丰厚的回报。每当我手捧着一本好书，随着现代步伐不断前进，在文字堆中，产生出另类智慧时，就不禁瞬间想起母亲，感恩母亲给予我们接受教育的益处。因此，我对母亲的感激，总是及时又及时，感恩之意永远不忘，很庆幸能拥有这样的母亲，让我受益良多。

2

回顾我自己的前半生，自小没有父亲，二○○六年六月之后又与母亲阴阳两隔。我不会忘记母亲扮演了一个最美好的角色，她让我活得光明而坦荡，无愧此生，母亲虽已往生但她的光环永存我心。

或许因为自小懂事的关系吧，我在成长期间，接纳母亲的教导仿佛变成应该的事。平时我极力做到不让母亲伤心也不悖逆母亲的言语，由刚开始的不以为然，至渐有细腻的了解，经过多年的磨合，不仅增加了母女的情缘，又减少了母女之间的误伤。

春龙一岁时与母亲合影

其实我的出生，只是扮演填补父亲位置的角色。我的存在，成了母亲对父亲思念的移情对象。我多多少少填补了父亲的空缺，使母亲少了丧夫的遗憾。

身为母亲身边的老来子，我明白母亲的寡居生涯不易，为了经常逗乐母亲，多年来，事无巨细，我悉听母亲给予的教导。自幼我即会常常陪母亲聊天，也会坐听母亲与朋友之间的互动消息，或许是听了母亲太多的故事吧，自小我就不知不觉窃取了与母亲同龄层的思想。

对我来说，难道青春期没有闷的时刻吗？闷呀，当然有，我也像一般的年轻人一样，也想追求自己青春岁月的快乐时光。然而在狭窄的隙缝中，却找不到自由的空间在哪儿，这倒是着实难为了自己。那时候，我时时陪伴着母亲，与母亲之间的关系，就像条千年蚕丝似的，柔韧而绵长。我对母亲是乐于付出的，因此，一时要我切断与母亲的纽带，去独追那风一样的青春快乐，是我所不愿的。我心甘情愿地活在她的阴影下。

自三岁开始有记忆起，我已深知妈妈是我活在这世上永远的一片天。这片天，这段“母女情缘”，值得我用全心去书写、回忆。

春龙四岁时与家人合影

自小我就很羡慕别人有父亲的存在，而我也认为那种模式是一般家庭正确的生活方式，有妈妈就会有爸爸，“家”深深地根植于我心中，在“家”中，会拥有自己所爱、所有的一切，因此在我后半生，我的确是抱着那份梦想去过日子。

大约五岁那年，

我仅是个幼儿园大班生，每天喜欢在巷口与小珍一同玩耍，可是只要到了下午五点，小珍会突然蹦跳起身，抛下我，很大声地叫着“爸爸”，她用她的小手牵着她父亲的大手，得意地自我身边走过去。

其实小珍并不是恶意地在炫耀什么，她理该享受她生命里的父爱。每当我尾随着小珍父女，眼睛平视那双互牵的手，老实说，那双手是相当、相当地具有吸引力，其实不是我刻意想看，而是我的个头只有那么高，刚好在视线所及而已。

没错，那个与众不同的小孩就是我，当发觉自己与别人家小孩不一样，我一时迷惑不解，就会跑到母亲身边，去追问父亲的下落?

至于追问多少回，我是真忘了，只知自我们随母亲定居在台湾，少说也有两年多了吧！当时母亲已经身为“户主”多年，她说的每句话都叫我深信不疑。而母亲总是搪塞说我的父亲在香港，其实我的小脑袋装的东西并不多，只是让自己对别的小朋友说，我的父亲他也会有回来的一天。而母亲模糊的答案，竟奇怪地也能打发我两年多来的发问。

可是就在我追问的某一天（那时我的小脑袋已成熟了一点），明显地对母亲给我的答案感到不满意，于是就在这一天，我对母亲说，我的父亲是一个不曾出现过的人，她在骗我，我听不下去了。

在那个只有六平方米的狭小厨房，母亲正蹲在灶口烧着柴火；筲箕内洗好的菜放在灶边上；淘好的米在饭锅内正预备煮食。像往常一样，我以飞快的蹿步来到母亲身旁，倚在厨灶边的右侧，继续追问母亲“父亲”的下落。在往常这仅是一句很平常的话，但是在这天，立于这个狭窄的空间，我没有听到母亲给我答案，却突然传来母亲悲痛的哭声，她的痛哭在我听来有如山崩地裂般凄凉，立刻把我给吓呆了，我不知发生了什么事?

抬头望着悲从中来的母亲，看着母亲如此的反应，我不知自己说错了什么?但是母亲那开了闸的泪水，犹如水雷被炸开，一爆就不可收拾。

我不知如何去安抚母亲?我的小身子既不懂也不会去让母亲安静下来，只知双眼死盯着母亲因哭泣而抖动的肩膀，那使劲压在灶口边的双手正不停地抽搐。

移居台湾前，与母亲最后一张合影

阴暗的厨房，只闪着从两只炉灶口蹿出的火苗，我的思绪也随着火苗徐徐往上蹿升、飘忽着。此时母亲不小心把筲箕打翻在地，水迹菜片四溅横流，这突如其来的惊吓，让我害怕，我低头望着成片水痕落在母亲的鞋面，又抬头望着母亲成串泪水滴在灶台上，我真有种冲动，想用小手替母亲擦干她的眼泪，抚慰妈妈不要再伤心了。看着母亲痛哭，看着她莫名的悲伤，我只能在阴暗的角落里呆立着。就在黄昏时分，空气里闪动着诡异的气氛，母亲微弱的叠影照在墙面上，让厨房变得更加阴暗。而没出息的我却抓着她的衣角，自己也害怕地哭泣起来，我并不想见到母亲的眼泪，此时就算心中藏有多少疑问，也不想去问，只要母亲不要再哭就好了。

我们的住家，厨房是设计在房子的左侧，每当我们由大门进入时，必须得经过厨房右拐而出，才能通往后门，二楼的楼梯就在侧边。母亲的哭声把楼上正在温习功课的哥哥、姐姐们给吵到了，他们相继由楼上冲下来，问我究竟发生了什么事？我将事情据实上报，自己非但没有受到他们的安抚，反而只听到他们立即对我下达指令，叫我此后“不准再问父亲的下落”。那一天，那一刻，当我看着墙壁上母亲哭泣的身影，看着“悲伤哭泣中的妈妈”，那种刻骨的悲情感，叫我至今难忘。

3

我认为上天让一个人降生，总有重要的使命附在其身，像今世我得付出大量的耐性去对待母亲，在善待母亲的同时，也为自己铺设了更理想的前程，让我的智慧从中延伸。

我想自己一定是喝过孟婆汤的人，对今世一无所知，对前世更不明白；只有在种种转折中，才发现命运的存在。

因为自己的“认命”，反观世间的“大”，其实并不叫“大”，真正的“大”和“强”是在“谦虚”中见真谛。对无父亲一事，我觉得接受得恰是时候，并没有失去什么，反而知道在珍惜中让自己获益良多，这也是我“面对人生”的课题之一。

在很早以前我当然知道，自己是那个让妈妈多看一眼，就会掉眼泪的小孩，而我眼中的母亲也实在叫我同情，我们同时在泪眼相对的生活中，把自己的委屈强咽下去，在成长过程中每当受到不公平待遇时，就知道要隐忍。想想看，我自己都要如此了，更何况母亲，她惨淡的心情，也就更加深沉。

因为认命，知道万事“知其荣，守其辱，为天下谷”；深知“古德不慕荣利，乃因心志不全者，丛生荣利心（虚荣心）”，时加警惕“人之可畏，不可不畏”。因为命运，让我想到孔子说：“三人行必有我师。”但我发觉，经常处于二人行中，也有其师的表率，那又何须三人行呢？只要擦肩而过的朋友，不论是善缘还是恶缘，对方身上皆有让我学习的地方。

我没有资格去嫌贫爱富，日常就把“攀比心”视如猛虎般远离，只知究其一生，把“平等心”视若珍宝，身躬励行，潜移默化中，活在自己人生的规范里。我深知时间的重要性，如果自己是个虚掷时日的人，那么今天的我，就仅是具荒废时日而不知生存为何物的躯壳而已。

在我心中，母亲值得我不断去回忆、不断去书写，我对母亲的爱意，可用“天高地厚”来形容。

一九四九年，母亲带着孩子由上海南下到香港与父亲会合。当年香港政府在荒栖之地“调景岭”（今易名为将军澳）上开辟出空间，收留许多无居所的难民暂住，不用说那时我们自然也成为临时的住客。

当时虽然临时有地方住，小孩子吃不饱的危机仍在，挨饿的境况如何，只有请教我可怜的兄姐了（当时我尚未出世）。即使到现在我依然庆幸，我是家庭成员中最幸运的小孩，避过挨饿吃苦的日子，也因为我珍惜，反而更加同情兄姐不幸的遭遇。

后来据母亲告知，虽平安抵达香港与父亲团聚，解决了温饱问题，却又面临孩子的教育问题，费用从何而来？在困境中，母亲又告怀孕，好在短时内母亲找到一份工作，是到一户人家帮佣，她只需负责买菜煮食，就能赚些费用去帮补家用；不久，父亲也找到了一份薪水优厚的工作，他立即让母亲辞工，全家搬入九龙区住下，从此远离那吃不饱饭的地方。

当年父亲的这份差事，真是与众不同，他经常要到外地受训，一出门需要一段时间后才能回家，但是薪金却很优厚，得以让生活环境立即改善，兄姐也能去上学，我认为，父亲也知道这是他盖棺前的最后一份职业，但他已别无选择了。

4

那时怀孕的母亲在父亲规劝下，一定要她到“大”医院去生产，母亲听从夫命，几经打听，终于探听到了一家“大医院”。以二十世纪五十年代来说，这家医院的外观，的确是气势磅礴、雄伟壮阔！好吧，既然找到了生产医院母亲也算安了心，只要时候一到，就进入这家医院把我给生了，听起来真是棒透了，不是吗？

母亲在生我之前也生过许多孩子，当时因局势恶劣，大家都是一边逃命一边生，孕妇走到哪便生到哪，在走停之间也从未试过说要去医院来个产检。逃难时，还是有医院的，但是时局纷乱，人人自保性命，护士、医生也列入逃难者之一，因此母亲到了香港，即使待产，也没有习惯前往医院去做产检。

母亲阵痛时，父亲正在外地受训，于是母亲与邻居打了声招呼（那时治安尚可），交代春匀哥哥、春陵姐姐、春渝二哥在家好好看门，自己打了个包袱就前往医院了。

据母亲说，当她步入医院时，那些当班的护士，一看产妇来到，二话不说，竟迅速把母亲推进产房，转身离开了。

母亲躺在产房内已开始阵痛，此时四下无人，不多久只听到“噗”的一声，她的肚子扁了，我却不见了，母亲立即起身查看她的婴儿，我的小身体已掉在床下方的桶内（装秽物用），母亲赶紧把我由小桶内捞上来，用身上衣服将我裹在怀中，婴儿的脐带还带着跑，血迹仍在，负责产房的医生与护士却久不见归来，难不成他们又逃难去了吗？当然不是，大家都太忙，忙到无暇顾及我们。不过这样也好，母亲趁机为我做全身检查（每回只要说到这次特殊的检查，母亲都津津乐道）。

自母亲怀孕后，父亲好运连连，不仅找到待遇不错的工作，还让母亲立刻回家免去辛劳。他们按照广东人的看法，认为我的脚头好，因而我在产房内接受母亲的“特别检查”也变成是应该的，结果母亲发现我的左脚面上，长了一颗梅花形状的痣，哦，一颗梅花痣哦，这真让母亲窃喜好半天，认为自己生了个“宝贝”女儿。

最好笑的是，等护士转进产房查看被人遗忘的产妇（母亲）时，见到产妇已把新生儿抱在怀中，这才慌张地拉开嗓门喊叫："哎哟！不得了，赶快躺下来，医生来看了就不得了。"（用广东话说的）当母亲这样形容时，我听来真的觉得很有意思。

一九五一年的年中，我就这样草草地在香港九龙广华医院诞生了，幸好我们母女均安，如果母亲当时在产房内血崩或发生任何意外的话，也不知这家"大"医院要怎么办才好？唉！说归说，听说五十几年前的人命薄如纸，还是别提了。

（今日自友人口中得知，广华医院如今最棒的就是妇产科，还好我仍活着，听了感觉甚觉安慰，广华医院，加油！）

所谓的"香港人"，若以出生地为准的话，我就是正牌香港人，因为在九龙出生，所以叫"春龙"，虽然有点男性化，但只要一看我的名字，就知道这是一种典型老派叫法，也是如假包换的地域之名。庆幸当年母亲生产时，父亲不在旁边，否则今天我的名字会按照父亲的原意，生下女儿叫"春香"，生下儿子才叫"春龙"！

香港是以粤语为官方语言，当年我哥、我姐在香港上学，粤语已朗朗上口。如今我大哥、我姐只要一开口，粤语发音依然非常地道；而我就差远了，当我再返回故地，听力等于零，后来经过十年的磨炼，听、说、看是没有问题，但只要我开口说广东话，旁人总会猜我是外来客。

在香港，我们习惯叫母亲为"阿妈"，移居台湾后，每当我们放学回家，依然习惯性地随口问声"阿妈呢？"我记得自己三岁刚到台北时，还会说些广东话，那时候喊姐姐叫"家姐"；每回见母亲生病，我就会害怕地哭着说"家姐又唔系度啰！"（姐姐又不在家了）等一些简单的广东话。

一九五四年年底，父亲因情报工作失败，被星岛日报以头版新闻刊登，并曝出了父亲的名字，当母亲得知消息，伤心异常。事发后，前往驻港的美国领事馆（旁有翻译人员）交涉。当美领事问母亲未来要何去何从时，母亲当时只考虑语言上的方便，表明愿意到台湾去定居。在众多寡妇中，母亲果断的个性，让人激赏。美领事则看中母亲独特的外貌，愿意让她留在领事馆内做事，但母亲却告知，自己没有学识，不曾上学读过书，因此这份好差事也就没了，但母亲并没有把它放在心上。那一年母亲才三十一岁，上天就把母亲终生想倚靠的男人给带走了。

刚失去父亲的那段日子，母亲日夜以泪洗面，发生的一切并不在母亲预料中，其伤悲无以为言。因为星岛日报的详细报道，兄姐已知与父亲是天人永隔，而我却在懵懂中与大家一起到台湾定居。

5

父亲离开时，母亲三十一岁，我们从此变成她永久的精神支柱。

当我们随母亲移居台湾时，举目无亲的母亲望着手上的薄资，心中盘算着一家五口未来的前程，最后决定在台北郊区购下两栋房子，一栋租给别人（我们的学费收入），一栋自住，自此我们就在台北定居下来。即使父亲不可能再回到我们身边，在台湾申请定居户籍时，母亲依然填写父亲的名字与籍贯；而后，当我们移民美国时，父亲的籍贯也就变成我们的出生地了。

母亲在香港

初到台湾，母亲为了让我们能立即入学，在焦虑地奔走操劳下，突患急性肝炎住进医院，我当时只有三岁，什么叫医院自是毫无概念，只听哥哥、姐姐说，妈妈生病住在医院里，对我来说，看不见母亲，就等于失去了依靠。

母亲住院的这段时间，换了人当

家，我那宝贝哥哥与姐姐，可不像母亲那么好说话，他们对我特别颁发两项新规定：一、“不准哭”；二、“不准吵”。幼小的我，在他们（三比一）实行高压“二不”的监控下，发言权严重受阻，此后家里就多了个不能出声的妹妹。

平日哥哥、姐姐白天去上学，我就像孤儿一样，游走于巷口与家中，偶尔邻居基于同情会叫我去吃顿饭；但大部分时间，我是被人遗忘的了。但是我仍依稀记得姐姐在上学前交代，锅里还留些米饭，等到自己小肚子饿了，也懂搬张小板凳跌跌爬爬地站在炉灶边上，用小手把米饭挖到碗内，小眼睛还会四处张望“菜”呢？没有菜，聪明的我却懂得倒些酱油在碗内，这样吃了也算一餐。

有天早上，姐姐把我从床上叫起来，让我坐在床沿边，换上衣服，替我把头发梳得光亮、光亮的，并且又替我扎上马尾，让我看来好干净。

我眼睛怯怯地望着在我身边打转的姐姐，问她要干吗？其实年幼的姐姐只不过长我几岁而已，母亲不在家，只有十五岁的姐姐马上身兼“家长”职，或许是因为环境的变迁，姐姐早熟、不露悲喜，她面无表情地对我说：“去看阿妈！”

襁褓中的春龙与家人在港合影

我当时听了心里好高兴、好高兴，因为已有很长时间没看见母亲了。那时的我，仅是希望每天都能见到母亲而已，当时我认为她只不过是我偶尔的依赖，后来才认知，母亲在我心中，早就逾越了天地，是无所不在的了。

姐姐牵着我的小手，步出长巷右转到市场大街，我那双套在皮鞋里的小脚，飞快地随着姐姐的大步伐走着，地下坑坑洼洼的水泥地，还传来我的皮鞋声。

姐姐带我乘上公交车后，我一直没敢松开她牵我的手，当时她的手，对我来说，等于正牵引着希望。半个钟头后，我们在台北火车站下了车，横越过马路，走在长长的骑楼内，我几乎是被姐姐拉着往前行。

由南阳街直行再越过对街是馆前路的新公园，新公园里有我喜欢的秋千，那也是母亲会带我去玩的地方，于是我使劲拉着姐姐的手晃了晃，示意她让我在公园内荡下秋千，可是姐姐没有理会我的要求，她仍然拉着我往馆前路左方走去。我没有选择，只好跟着她前行。

我不知道姐姐会把我带往何方，只任由她带领不闻不问，路上行人稀少，我们越过一条大马路走到对面，步入一栋建筑物的大堂内（后来才知道是台大医院），冷冷的地砖上，仍然传来我那双皮鞋“嗑”“嗑”的回响。

立在一条长廊前端，面前横堵着三尺高的铁栅栏，有人把门不让我们行入廊内，我望着不再往前走的姐姐，她示意我坐在角落的长板凳上。当我坐在高高的板凳上，我那双悬在半空中的小脚，还可随意地摆动。

姐姐走上前与管理员细语，我听不到姐姐说些什么，然后姐姐回转坐在我身边，我们俩人就那样无神地坐着，望着静悠悠的长廊。

不久我见姐姐紧张地立起身，随着姐姐的视线望去，我马上也下地立于栅前，长廊远远的尽头出现一个人影。我的一双小眼睛死盯着看，瞧着那微胖的身形，那双步伐飞快的双脚，正急速地往我们这里走来，我终于看到自己最想念的“妈妈”了。我的小手紧紧地抓着栏杆，就怕一动、一眨眼，妈妈的影像会就此消失在眼前。

妈妈终于在我泪眼模糊中出现，妈妈看到我时，即刻奔向前。我眼前的母亲，脸庞满是悲容，强堆着笑意，满眶的泪水早已溢出，让我看了备觉心酸；而自己成串的泪水早已滴在身上，无法控制地抽搐哭泣。当时我一定哭得好伤心，母亲心疼地上前一把将我抱住。

母亲当然知道她不在家，没人会替我穿衣、梳理，也没人会给我煮一顿可口的饭菜，我每天就像只孤魂野鬼在巷里四处走动。或因母亲曾住过医院的关系吧，之后每当听到母亲“生病”，我总会心生害怕，我这无由的害怕，没得解释，这是我在三岁那一年发生的往事。那刻骨铭心的感觉，我终生难忘，在往后的日子里，我更加重视、依赖母亲。

总之，母亲是最怕见到我无助的哭泣神情，直至我成年，母亲再也没敢生过病（小病小痛是会有的啦!）。即使后来她辞世，也选择了在我出远门的时刻，我想，她终究不愿再看到我的眼泪，因为母亲知道，我的泪水会让她驻足不忍离去。

母亲的美丽并不在于她的容貌，而在于她所付出的一切，她在我心中是个智慧又善良的女人。我们靠母亲的毅力接受完好的教育，如今我与兄姐四人成家立业，各有所成，我们交给母亲的是社会良民证一份，母亲今生应该感到满意才是。

母亲从香港到台湾再到美国等地移居，寡居长达五十二年，一直没有再婚的打算。像母亲这样的女人，她寡居的精神，比苦守寒窑十八载的王宝钏还更厉害。

6

母亲的一生中，“爱别离”让她魂牵梦断：我外公去世时，母亲稚龄十三岁；我哥哥春生死时，她二十三岁。在十年中，她失去两个至亲最爱的人，同悲老小两代人，情缘浅薄至此，叫她情何以堪?!

自小我在母亲身边时候最多，常在旁伴她解闷，母亲经常重复忆述同一版本的故事，总是一处不漏地细述每一情节。母亲曾经的苦难，我少说也听了百遍以上，每当听到动容处，我会随着母亲的悲情故事而流泪，我这当听众的女儿听了比她这个讲的人还伤心；而我经常在泪水中，看着面前如此堪怜的女人，她坎坷的生涯，真是让我万分同情。但我母亲很幸运，能找到像我这么乖巧的听众，只要她想说，我就愿意听，而且还百听不厌，还会陪着她一起掉下眼泪。

母亲不厌其烦地告知，当年她逃难的往事，其中有段是母亲一直无法忘怀的事，在春匀大哥之前，我原本还有个春生哥哥，可惜他与母亲之间，只有短短五年的母子情缘。对母亲来说，母子情无论长短，只要有过一天的情，都算是一生一世的事，永远就会有割舍不断的爱存在。

母亲家乡在南京市郊区的六合，那时的南京还是中国首都。母亲与父亲结婚时，父亲已身为军人。明知嫁给当军人的父亲，那份薄粮不足以喂饱家人，但依然无阻于母亲对父亲的选择。父母婚后因中日战争爆发，大家为了自保性命，纷纷离乡逃难，母亲随父亲数度迁徙，移居到不同省份居住。其实母亲要求很简单，她没敢要求父亲给她富贵，只要求温饱就够了。

婚后，母亲连生两子，直至春生哥哥五岁时，住地痢疾蔓延，春生与春匀两个儿子同患痢疾，躺在床上泻肚虚脱。我在想，那时母亲或许心存侥幸，认为她的儿子终究会好起来。直到她抱着软在她怀里的春生，才惊觉要赶快到医生处，抢救儿子的性命。可是医生摇头说：太迟了，为何不早些来看呢？

然而当时家境实在太贫穷，连买药的费用也没有，更遑论到医生处去看病了。最终大限来了，母亲泪眼婆娑地看着春生哥哥死在自己怀中，春生哥哥死前双眼仍望着母亲悲伤地叫着：“妈！妈！”

春生哥哥的死，让母亲满心悲痛，当母亲抱着爱儿尸体返家后，与父亲俩人号啕痛哭，久久无法停歇，我认为母亲在那时，已将春生爱儿的一颦一笑，深深存放在心底了。

我曾见母亲与春生哥哥唯一合照相片，春生哥哥扶着母亲膝盖立着，春匀哥哥被母亲抱在怀中，那时母亲看起来，不仅年轻漂亮也很满足，而这张唯一的照片，就一直跟着母亲漂洋过海（大陆—香港—台湾—洛杉矶)。母亲到哪里，它就跟到哪里。

何谓贫贱夫妻百事哀？其实小孩生病，母亲自然知道要带去看医生，但是钱呢？这就是百哀的其中之一，穷苦的孩子也跟着受了罪。春生哥哥五岁死了后，另一个同时患染痢疾的春匀哥哥（三岁）却捡回一条小命，他存活下来了。自此母亲异常重视春匀哥哥的身体状况，也或许春匀哥哥的存在，会勾起母亲对春生哥哥的怀念吧！（这是我当了母亲后，才了解当母亲的心境），我理解为何母亲总会把营养的食物，让春匀哥哥先吃，这就是移情作用啊！

尽管如此，自春匀哥哥之后，母亲的孕期仍不错，相继生下春陵姐姐与春渝哥哥，正中了那句话，穷人家什么都不多，倒是孩儿多。虽然可以稍为冲淡那份刻骨铭心的痛，但春生哥哥的死，还是给母亲内心带来绝望的阴影。只要提到儿子两字，她立即就会神智飘忽起来。当军人的父亲因战役关系，长年在外奔波征战，家中事务全由母亲一人打理。当时条件好的逃难家庭（有钱可以打通关），无论汽车、轮船还是飞机等运输工具，皆是唾手可得。而母亲由这一省要逃往那一省时，就得预先由父亲支领薪水汇给母亲，之后才能带着哥哥、姐姐，用双脚全程走着去，看！像这种天渊之别，就是贫富悬殊的写照。

我认为贫富悬殊一直是存在的，若想击破藩篱反转乾坤的话，就不可好逸恶劳眼高手低，必须勤劳不息地把每一份职务尽心完成，因为用心才会展现出智慧，名成利就是在智慧中延伸出来的。

我的父母处于长年征战中，战争仿佛永无止境，逃难的日子总是不好过，有人穷，还有人比穷人更穷。有一次，我们家中又无米粒可下锅，待在家里的哥哥、姐姐没东西可吃，大家又开始饿肚子，母亲在旁看了心里很焦虑。

曾是农家出身的母亲，知道农家人的牛、羊每日定要吃草粮，看着屋外下着大雨，自己在心头盘算了一下，此时还等什么？于是她想也不想地起身，冒着大雨冲出门，割下野地上的牛草拿去售卖，很快就赚到些薄利，心里记挂着家中饿肚小孩的母亲，转头买了烧饼先送回家给孩子吃，而母亲自己呢？又继续劳作，直到天黑了衣服还是湿的才回家，这也是因为战争的摧残，民不聊生、人人自危！

最后在一九四九年的上海，已到了不准出关前的最后时刻，母亲准备带春匀大哥与春陵姐姐出境逃往香港，当时急需盘缠。可是母亲的姐姐锱铢计较，分文不借。在这种情况下，母亲只有硬起头皮，每日清晨在街头摆摊卖番薯，扣除小孩的吃用之外，她把每一分钱都积存起来。不久当盘缠足够，母亲带着春匀哥哥与春陵姐姐步上前往香港的路，最终与父亲、春渝二哥，一家人在香港团聚。母亲此生的故事说不完，逃难生涯有成串的故事可说，即使写出十本书也说不够，在此仅说两段就好了。

7

母亲自大陆前往香港立足，再移居去台湾生活，经历多年辛劳的付出，她以为定能换取未来美好的老年光景，可惜母亲估计依然错误，她还是与以前一样，活在各种顾盼中。母亲辞世之前，也有过一次病危经历，母亲那天在弥留之际，姐姐提到了儿子，让她能起死回生，我想不只是死去的春生哥哥，还有那在生的春匀哥哥与春渝哥哥，都是她惦念的对象！只可惜，薄如蝉翼的母子缘，连这样的要求也难如登天，此事“今”难全，叫我如何去表白说明呢！真是家家有本难念的经。

当时，看着她这般的不舍，我认为这种得失是难免的，因此我坚持着老话一句：妈妈，多情不如无情好哇，还是随缘认命了吧！我认为情缘已了，没有就是没有了，不在就是不在了。母亲在母子缘中，终究还是无法拿捏得准确。

然而这仅是我一方面的想法。在我内心深处实有万分感叹，但在隐忍后只能咽下椎心之痛，我真想说的何止如此？套用俗语：“可怜天下父母心！无奈呀！”

“无奈”对我来说早在心底扎了根，这两字是在我懂事以来最常用的心语之一，现今对着妈妈我又能说什么呢？看那世上不同的情缘，在变化多端里，谁能说得明白其中道理？终究我们无法去深究那亲情、爱情、悲情、喜情、深情、无情等世情。

我想，对八十五岁高龄的母亲来说，毋庸置疑的，是应早洞悉这一切世情，她所走的路比我们吃的盐还多。回顾以往，无论“有”或“无”，大家都在贪、嗔、痴中，盘算着斤两的攀缘，中间回旋的来龙去脉，母亲难道还会看不见吗？

看着母亲，那满布皱纹的双手空荡地张着，由年轻走向年老，早已远离了青春时光，也偏离了幸福领域，她什么都不曾拥有，那得失，我又能为她从何论起？最后当那绝情生死的关口一开，流水席上的人是该走的走、该留的留，清清楚楚的，绝不赖账，即便当中有什么难以解开的玄虚，余下的爱恨情仇，也全都交由当事人做最后的处理。因为母亲的关系，我在这里已经谈到死亡的课题，对于不喜言生死的人来说，或许我不应多言。

后来母亲又活转过来了，在最后一年里，究竟母亲内心想着什么？盘算着什么？除了她自己，谁也无法为她圆满心事，当她洞悉缘分已逝，我只望母亲安心地度完余生，其余的就顺势而过了吧，妈妈。

妈妈因为毫无语言天分，因此终其一生只能用南京话与人沟通，这是她今生唯一能与大家交谈的语言。但是没关系，自小我们都听得懂母亲说的南京话，这该算是我们的母语之一。在耳濡目染下，我与二哥学会用南京话跟母亲交谈，我们二人仅想迁就她，希望能带给她一些归属感，或许我们经常用家乡话与她交谈的关系，无形中减少了母亲对故乡的思念，实质上自外公去世后，母亲家乡已无亲人，她对南京故乡可说念无可念！

8

二○○四年三月，母亲突然被紧急送进医院，身体经过详细检查后，医生告知母亲的病因，除身体虚弱外，还有体内无法造血。于是从二○○四年开始，每隔两三个月我们就得把母亲紧急送院一次，有时候时间隔得还要更短。一直以来母亲身边有位忠贞的守护者，她就是我姐姐，每回把母亲送进医院的就是她，姐姐已尽全力地变为母亲生命余晖中最后的守望者。

医院规定，凡住院者必先抽血检验病情，不管有事没事，先抽走身上五大针桶的血拿去化验，这是例行公事，对于原本体弱者来说，每一滴血的流失都是可贵的。护理人员按照章程做事，实也没错。因此母亲由医院返家后总说自己很虚弱，即使体内曾注射不少营养液，但在短时内还是无法让她迅速补回失去的血液。

之后，每当母亲听到“医院”两字，内心难免觉得感冒（不喜欢）；然而悲哀的是年龄的关系，她与病痛、医院、药物等总是分不开。

自二○○四年至二○○五年，短短一年中，母亲健康状况迅速恶化。二○○五年五月的那天，母亲因高烧不退，脸颊泛红，我在旁喂食温水服侍母亲，数度抚摸她发烫的额头。两个小时后，惊觉母亲眼神逐渐涣散，知觉丧失并呈休克状态。眼看抢救时间有限，而这次不能像往常那样，只单纯由姐姐送入急诊室去就医，以往不曾打过的911，也到了非打不可的地步。于是，我毫不犹豫地拨下911这个号码。

母亲被紧急转送加护病房后，我的情绪一时无法有正常反应，意识模糊地只知急诊室内，挤满了不少急需救治的病患，四周医护人员不停地走动，人来人往地忙成一团。好心的护士在旁紧张地为母亲打气，眼睛盯着机器说:“快升啊!快升上去!”只见母亲血压停跌在冰冷机器的最低点,就是毫无反应。气息像在瞬间被抽离似的,我以为母亲就会那样弃我而去,当下心生惊恐,悲痛的泪水不听使唤地簌簌流下,这还是我首次面对家人与死神挂钩的场面。

想想看人间的生、老、病、死四大公敌其一竟然来到,让我在悲啼中将亲人幻化成影?我望了望上天,回首逼视可怜的母亲,竟要让她步入黄泉道去?啊!为何这一刻的来到,会令我感到愕然?此时即使让我拥有再多的空间,那又有何意义?我连母亲生存的细缝都抓不住,只任听催魂曲飘来,在我面前“再见”的声音,急疾冲入云霄,在拉扯之中要带走我的殷盼,让我有多少的不舍,不舍得如何放手呀!

此时姐姐在母亲耳旁细语一番,姐姐的话,顿时让机器有了反应,只见母亲血压升了上来,哦!母亲竟然在刹那间还了魂,这可真神奇了。当我这样说时,有人会相信吗?其实信与不信已不是很重要的事了,那时我一心只巴望母亲能返世与我们共度余时,只要多逗留一些时日,让我与母亲再共处一段时间就好,这样我心满意足。

聪明的姐姐,究竟说的是什么智言慧语呢?竟会让母亲突然燃起一丝希望又甘愿折返人世?嗯!这可不是一般人所能想到的事,而这招又是哪一招呢?其实说穿了很简单,对别人来说或许没什么稀奇,可对我母亲这样老旧而又有那么一丁点“重男轻女”的人来说,算是“万灵丹”一帖。

当时我姐姐只是这样对母亲说:“妈!你儿子明天要来看你了!”就是如此简单的一句话,结果小兵立大功,母亲又多活了一年之久(感谢母亲给我这一年时间,让我心生满足)。当我得知母亲心中所悬念的人,不禁对她同情起来。都已经这时候了,母亲还不晓得为自己打算打算,难道说“儿子”就真有那么重要吗?是的,没错,只要知道母亲的往事,即便母亲死于当前,她的心仍然会回系那已死去六十年的春生爱儿身上。

9

一年时间匆匆而过，母亲自二〇〇五年至二〇〇六年活得并不愉快，她仍怀有难以圆融的切盼，我替母亲感觉着哀伤，当母亲两手一松的刹那，仅是孤寂在侧，谁会在乎母亲的生死？

回忆母亲一生的坎坷，她来到这世间，每一脚步的跨度，都充满地雷的引线，就像踏进一块锻炼人生的道场；她独自一人带着我们披荆斩棘，艰难又刺激。经时日的穿梭，岁月倏忽将我推向半百，每当望着那时在生的母亲，我依然会对她产生悲凄的感觉，我的心声仍不改变："可怜的妈妈！"

何谓世界大同？何谓贫富均等？看母亲本身早已尽显不公平的待遇，我对母亲的同情无法道尽，只能扪心自问，难道这就是上天赐给母亲今生的红尘之旅吗？我知道母亲不会多做解释，但勇敢的母亲，已尽其心力了，我给母亲满分。

母亲的往生，让我尝试放下一切，与宇森开始新的沉浮与共的生活。自二〇〇六年的年初开始，当时宇森正如火如荼为电影《赤壁》的拍摄做前期筹备工作，我们至少每月要动身前往北京一趟，频繁地往返于北京与洛杉矶之间。二〇〇六年六月后，自己搁下母女缘，重拾场记的身份，利用一切可用的时间，将《赤壁侧写》书写成文。

谢谢母亲。

另附：我眼中的母亲，是属于那种"夫死妇悍"的女子，只知护卫她生命仅存的四个孩子（我们）。或许母亲认为那只是暂时的一种生活，谁知摊开去做，却让她疲于奔命终生辛劳，只单单应付我们的需求，已变成她此生最大的挑战。

因为我们的无知（我们当时认为是应该的），从旁噬尽她原本该享有的青春岁月；当我们由幼至长接受学识教育，在那时我们也认为是应该的，耗尽母亲毕生的财力（省吃俭用下）；我们就那样让母亲“应该的”倾尽所有，就那样把“应该的”光环套在母亲身上。就在那“应该的”光环下，我们好比成片蝗虫，飞向稻田，自上空俯冲而下，经过一番啃噬，离开时半点残渣都没留，只留下一片空旷。

我看着母亲、看着我自己，良知告诉自己，饱食远扬而去的“无情蝗虫”，那蝗虫里面有我的影子，自己厚颜地用掉她的一生，此时只能以无颜愧对母亲给予的一切来形容。

不管怎么说，一心让我们与常人一样的母亲，即使身旁没有男人肩膀可靠、即使周边没有亲朋好友的照应，母亲依然张开她的双臂，让我们在她的羽翼下，享受无忧的单亲生活，在不须畏怯下成长。

也因为没有了父亲，我们自幼知悉自己身份的卑微，不敢有任何行差踏错的非分之想。举手投足皆以母命是从，让母亲不必为我们操心，我想这一点是令母亲满意的地方吧。

当然我们也庆幸及早面对眼前的人生道场，多了历练的机会。即使常处于差别待遇下，我们虽心生卑微，苦难反而让我们愈挫愈勇，若寒梅般各自开了花。

自小我之所以受到母亲的关爱，是因为她认为我过早丧父，少了一份该有的爱而已。可是对我来说，在我的原生家庭里，我还拥有母亲、哥哥、姐姐相伴，只要这些亲情还在，少了父亲，那清贫的生活又算什么？我又复何求？在比较上，理不该让母亲来同情我。拿我与母亲情况相比的话，她失去的反而比我更多，我认为妈妈比我更需要大家的关爱，可惜我们这些为人子女者只顾着自己，长大后却把她给忘了。

母亲在生时，经常会给予我人际方面的提示，让我在人生旅途中，如同持有“锦囊妙计”。平时，我的母亲可不愿随意欠别人的人情，母亲认为：一个人有无恒产并不重要，但是却要活得有“骨气”，即使苦了自己也要勇于吞下，母亲深明其意敢担当，她也教导我们应如是。

今世我深为母亲的付出引以为傲，因为她的教导，让我们懂得遵从与循规蹈矩，也让我们生活得极为平实。

我认为生活空间是不需要花哨的，经常看到很多人在喧哗作乐后，回到家却冷冷清清的孤单一人，余留的只不过是让人平添混乱的情绪而已，与其那样，还不如在家保持情绪如常，让生活渗透着惬意，这样岂不是更加自得吗？

喏！这就是我的生活，简单又平实，我觉得这样很好嘛！

第二章

我与宇森

五百年——月半斜影独徘徊，够不够？够！五十年——活在一个人的心底，够不够？够！五年、五分钟——就只活在这世上一回，够不够？够！春龙此生拥有吴先生真诚、真意与真心，无论日子短长，春龙会珍惜此段浓情爱意，此生足矣！

恩遇

年轻时，我从来没有想过自己的姻缘会在哪里？也不知道自己的未来将会如何，一直以来，我的生活就像山中清泉，顺着石缝涓涓流下。

许多人想知道我与吴宇森认识的过程。怎说呢？

也许我们是俗谓的门当户对，“竹门对竹门”“木门对木门”。我们相识相遇的缘分，也如我从前的生活一般，若清溪流泉，于命运的自然中流淌而来。

一九七六年三月五日，付了十二美元，我与吴宇森在美国加州市政府公证结婚，我的身份从此由牛小姐变成吴太太。对原本计划不会回香港的春龙来说，有种计划赶不上变化的感觉，随着吴先生的迎娶，我由西半球飞往东半球，回到出生地成为当地居民。

领完证后合影，衣服为春龙自己缝制

当时嘉禾公司成立没有几年，在九龙斧山道坡上有间办公室，工作人员并不多，内有总裁邹文怀先生与何冠昌先生等人坐镇。一九七四年吴宇森已签约进入嘉禾电影公司当导演，何先生则负责吴宇森的片酬用度计划，将每部戏的片酬，化分成月薪制。对喜挥霍的人来说，这很有把关的作用，对婚前没有节约观念的吴宇森来说，钱财的不足是肯定的。

因此在一九七六年当吴宇森与我结婚时只能先借支购买两只婚戒及机票等，等我们返回香港后，必须重新计划微薄的薪水，在每月薪资中扣除借支。

其实我的要求很简单，返回香港，让我生活变得更加纯朴，我认为只要夫妻间互相沟通，彼此坦诚、凡事不须欺瞒，这样的要求，谁还能做不到？

一九七六年三月，我与宇森步入租住的新居。虽仅有一卧一卫一厅一厨，却也一应俱全。我已满意吴先生布置好的房室，室雅何须大？“有”就好了，更何况还全了呢！

在新家中的欢乐时光

新婚燕尔

木鱼声的启示

一九七七年年初，在怀女儿尚方时，由于对医院缺乏认知，只以为私人产检方便，故误选一私人医院去生产，险些成为我们三人命运的转折。

因尚方的出世，我才知道刚产下的新生儿，经常会有黄胆素过高的危机，而我住的这家私人医院因为设施不全，缺乏照灯设备，产后第二天，院方要求我马上把婴儿送往大医院去急救，在此前我从来没想过这方面的严重性。

产后第二天，我本身感觉已很不舒服，可是为了婴儿，只有强忍腹部的疼痛，把孩子先送到伊丽莎白医院去检查。大医院快速为婴儿做身体检查，并在我身上抽出两管血做检验，之后通知我们将婴儿留院做换血手术。

当时我在医院内感觉下腹刺痛愈来愈烈，而我只单纯想或许身为产妇就是这样的吧！自公立医院返回私立医院后，我并没问医生体内的疼痛有何不妥，医生认为我已可以出院回家休养，因此下午就由家人带我返回住处。

回家第三天晚上七点多，我从床上起身才走两步路，感觉下体沉重，突然滑下两大摊血块并伴随大量血水而出，我吃惊地大叫一声，吴宇森冲进房来一看也傻了眼。只见血水与血块流了满地，家人赶紧找条大毛巾围在我的双腿间，希望有止血作用，可惜作用不大，只能眼睁睁看着血水顺着我双腿流下。吴宇森一心想救人，立即抱着我冲进电梯，刚踏入电梯，我感觉万分疲乏，眼前一黑就昏了过去。

“阿龙、阿龙……”听到有人大声叫我的名字，我乏力地张开双眼，只见宇森抱着我狂叫，他的泪水滴在我脸上，他哭了，因为他的眼泪，我唯一的反应是：完了，情债难偿，却奇怪没想到自己正与死亡挂着钩，而重情的我因为这样，后来又生下两个小孩，折磨不能免，嗯！原来宇森的眼泪在我心中是这么的有价值。

1994 年，于新加坡合影

当宇森拨下急救电话，救护车于瞬间赶到，在救护人员赶到之前，我躺在家中地上，上半身被宇森抱着，而下身流血的面积扩散到何种程度，我看不到也不清楚，大家不如想象“暴力美学”大师吴宇森的电影里鲜血横流的场面就好了。

当救护人员到来，我想昏睡的意识也没了，只觉耳边的杂音吵死人了，他们拼命地问我话，就是不让我睡着，在下意识中自己感觉被抬入救护车，随着一阵呜嗡响声之后，被安置在另一张床上，床边人影晃动，一阵微弱的嘈杂声中，意识逐渐模糊。等我睁开眼，已是第二天的清晨，意识虽醒，却感觉万分疲惫。在那当下，时间对我来说已不重要，乏力的身躯唯有眼珠在转动、两手被针头插着输液管、心脏部位贴着电源线，看自己身上插满管子，此时的我像个活死人，我本该具备的活人精神能量，是完全地消失了。

我只想问老天，何谓“生命”？为何在措手不及的情况下扔给我这么个难题，给了我缺失活力的躯体？当然这永远没有答案，而我当时的心态只能用“万念俱灰”来形容。

又是一天，我的床位右边紧邻着一扇大玻璃窗，虽然窗帘已半遮，依然可以看到窗外，那是我唯一可见的天空，天空有我的希望。因为没有枕头，我整个身躯平躺在床上，静静的，只听得见人声的远近，因为毫无力气，我连转头的念头都不想有。

时间在空气中流逝，不知过了多长时间，突然发觉气流的转动，有人正走向我的床位，全身乏力的我，看着愈来愈近的人影，以呆滞的眼神望着立于面前的人。瞧他憔悴的面容，他一定是在家哭过了，才来看我的吧，突然我心中却可怜起这个人来了。

2005 年，长城上交错的身影

想想看，前一天才把婴儿送进伊丽莎白医院，第三天又急送我到玛嘉烈医院，他那刚建立不及一年的家，瞬间陷入塌方的可能。可怜！可怜！而那个立于我床边，欲哭无泪的吴宇森，应该永远不会忘记，那时我毫无生气躺在床上的一幕吧！

当时的我是个什么样子？据事后隔壁的女人告知，我入院时，全身已呈铁灰色。那副半死不活的样子，我想，一定吓坏了所有人。

经抢救后，医生在我体内注入四袋血包，两天后我的精神明显地比入院时要好多了。在我进医院的第三天，医师检查后认为我已能靠自体活命，决定撤下我身上的针管，表示无常已远，我当然高兴。谁知，因长时间卧病在床，我的双手竟然不听使唤，好半天都动弹不了，只觉双手像废了似的，一时心情又如洗三温暖，我当场愕然。

不知经过多久，我再度尝试挪动手肘，知觉才有些恢复。

那整个下午，仅为了把双手放进棉被里，我奋战了很久，才完成保暖的使命。此后我的双肘关节，只要遇冷即痛，因此在服装方面，我尽量以七分袖示人，不敢随潮流变幻露出半点性感模样，只因弱点在关节，这该算是我的死穴之一吧！

那晚七点多，窗外天色灰暗，精力逐渐恢复，我将床位摇高进餐，双眼环顾医院长形通道，四周靠墙的床铺，被一道道的布帘隔开，只要拉上布帘就成独立空间，而左右两端尽头都嵌上大玻璃窗，白天阳光透进病房就成病人的希望。

平时我喜将家居的灯光开到最亮，当时处于医院昏暗而微弱的灯光中，实在是很不习惯，在昏暗中我眯着近视眼，望着墙上大钟指着八点多，大约还有一小时也该休息了。邻床部分病人才刚做完手术，即使让她们扯开嗓子说话，也只能嘤嘤细语，而我那时连说话的力气都没有，只有选择不语。

就在我杂念丛生之际，突然在我头上，传来声声急促敲打的木鱼声，经脑门顺势而下，我的反应当然是想都不想的，就随着木鱼声背诵心经，背了一遍又一遍。我默诵的经文紧扣木鱼声的敲打速度，细听木鱼声中又夹杂着小磬的响声，我心里觉得很纳闷，心想，一个人要看经书手要翻动，又要敲木鱼、又要敲磬，没有四只手是成不了事的。但是我并没有多想，只单纯想着，为何楼上做晚课的人会如此用功？觉得很不可思议。

三天后当我出院了，环视医院四周，竟是一片空旷的停车场，女病房的楼上是男病房。那么那天晚上谁会去敲那木鱼呢？在这里，我了无答案，我只是把当时发生的事写出来。

一九七七年生下老大尚方，我与她同在生命漩涡中打了个转，侥幸活了下来，却让吴宇森突然变成不知所措的第三者。当我与死神擦身而过时，我们同时都学到了一件事，就是懂得去爱惜生命，要对自己的生命负责。我认为这世上的每一个人，不论阶级、不论贫富，都要正视自己生命的尊严，上天赋予生命给我们的当下，是要我们好好规划自己的人生路，而不是让我们随处虚掷时间或践踏自己的性命。请千万珍视自己。

在“木鱼声”中，我充满了精神能量，木鱼声给我最重要的启示，是一种“智慧”的灌顶，而木鱼声殷切的敲打，不仅赐予我智慧，也给予我人生的棒喝，提醒我自己，未来定要带着披荆斩棘的精神勇往直前，只要适当地发挥智慧，难题自然迎刃而解，那时的启示，到今日仍让我不敢忘。

因为木鱼声的启示，在往后这三十年，我在戒律中秉持当初的信念，只要生活得自在就好了！我的确是不敢掉以轻心，一直往前迈步，只望一切的作为都能有正确的归向。

1975 年于美国，穿着自己缝制的衣服

平时我很喜欢对朋友说“不要浪费时间”“不要偷懒”这两句话。其实是自我鞭策的警示语。我当然知道在生活的过程里，须夹杂着智慧，平时多靠智慧的运用，把自己的生命活好。(这是我自己对木鱼声最佳的诠释!)

一家五口在香港团聚

结婚两年后，我曾在一九七八年年底带着尚方到美国居住，我与宇森各立于东西一角，只因我立于“情”之一字，再接再厉为吴宇森生下两个孩子。一九八〇年七月在美国洛杉矶生下老二飞霞；一九八二年七月生下老三义方，算是偿还他为我流下的眼泪。

一九八二年年底，尚方、飞霞、义方，我们一家五口重返香港生活，当然那时宇森是相当地高兴，可惜我们回来却等于锦上添了“霜”。

司机妈妈与行政爸爸

一九八三年，我们回香港居住。为了接送小孩上下学方便，我换上香港驾照，买车代步，开始全职“司机妈妈”的接送生涯。

其实我的开车技术并不怎么样，但我接送小孩上下学，却十分用心。我不迟到早退，而且是长年无休、无病假，但是我很享受这种生活模式，往往不自觉地会把重心放在小孩身上。就在尚方九岁、妹妹六岁、弟弟四岁的时候，是我忙碌接送孩子读书的最高峰，我每天须有“六次”往返接送的时段，在此列出时间表，各位细看我所谓的“六次说”：

第一趟（来回两次），每天清晨六点起床，让尚方吃完早点，我就抱着她的书包，一起到停车场去取车，然后开车出门。平时倒还好，但到了冬天，我们俩人就得吸取寒气、冷飕飕地摸黑进入停车场，并且得算好时间，赶在六点五十分前，把尚方由荔枝角道送到九龙塘界限街口处，那里是校车的总站。每回看到尚方登上校车后，我才能松口气地离开，回到家已是日光初照时。

第二趟，早上八点四十分，在家打点一下，侍候妹妹吃完早餐，再开车出门。送飞霞到九龙塘金巴伦学校去上幼儿园，回到家时已近中午。

第三趟就比较麻烦，下午两点半，先开车到界限街的路口，接尚方放学，然后转头去金巴利道接妹妹下课。通常我会早到，离妹妹下课时间还有四十分钟，我们已在校门前耐心等候。就在等待的当头，因气候湿热的关系，见尚方经常是满身热汗坐在车内，我看了心痛但也没办法，因为在旁等待的我，不也同样热汗直流吗？

如今庆幸那样的日子已远离，但仍历历在目，当然我很惊讶孩子的懂事，也感谢他们的合作，或许他们怕妈妈的关系吧，并没有跟我吵吵闹闹地说什么，我认为她们在那时也学到了“忍耐”，我想这也算是一种“除暴安良”的软性教学方式。

吴宇森离开嘉禾公司跳槽到新艺城，于一九八三年至一九八五年，被远放到台湾分公司去管理行政工作，那是他最不在行的事。而我们由洛杉矶返回香港时，他也刚选择了跳槽，我们的出现对他来说，反而变成一个严峻的考验，因而我才会说我们回到香港居住，反而变成“锦上添了霜”。

我们也曾随吴宇森到台湾生活，而那时他的不得志，正好印证了“天将降大任于斯人也，必先苦其心志，劳其筋骨”。好，就一句“苦其心志”来说好了，当年并不只他一人孤独前行，当宇森在喝水的时候，我并没有喝茶。

宇森经常对我说，电影事业是最现实的，其实我根本就知道，任何行业都是现实的，由我母亲身上早就看出端倪。

如今看当时的生活照，除了日常用品，堪称家徒四壁，我反而没有特别的感触，我认为那只是生活的一段过程而已，只要小孩作息正常，可以安然生活最重要，而我留在家日夜与他们相处，他们入睡前看到的是我，起床睁开眼看到的又是我，有时候想想，世上竟有如此紧迫盯人的老妈（我），不知是他们的幸还是不幸？我唯一的祈望，就是让小孩安心读完课程，只要他们愿意，不会去限制读书时间的长短，如此而已。

1979 年，吴宇森在夏威夷海滩

台湾短暂的居留，宇森当然备受考验。那段时间是“苦其心志”的过程，我认为：在当时只有学习“知足”，才能拔除“苦其心志”的煎熬；也只有“知足”才可退而求其次地解脱。在此特用《道德经》其中一章来让大家了解知足的轻松，这也是和宇森同时在苦其心志后的自勉。

名与身孰亲？身与货孰多？得与亡孰病？是故甚爱必大费，多藏必厚亡。知足不辱，知止不殆，可以长久。

解说：

身外名声与自己生命比较，哪一种亲切？身外货物与自己生命比较，哪一种贵重？得到名利与失掉名利，哪一种对自己有害？过分的爱名，就要付出重大的损耗；喜爱收藏东西，将来亡失的也多。天下也只有知足的人，才不受大辱；知止的人，才不遭受危险，这样生命才会长久。

老子写的《道德经》有八十一章，章章充满不同的智言慧语，这是一本老少咸宜的好书，多看几遍道理就出来了。在我心中“知足”两字，就是远离贪婪，没有贪念就不去攀比，没有攀比，生活就轻易而行。看到前修励志之言，带给我不少鼓励，今生，我将会借重《道德经》中几句箴言，让我与家人在提示中获益良多。

一九八五年，新艺城公司结束了台北的行政工作。当我们由台北返回香港，等于是将宇森送入另一个未知的世界。我们的存在，成为宇森身边的重大包袱，但也算是一种无名的力量，推着他一定要往前行不可。还好，一九八六年他靠《英雄本色》这部电影，将枪战片化腐朽为神奇，发扬光大。吴宇森借此片发挥了自己的专长，给自己的电影事业奠定了一个坚实的基础。

在香港家中

电影人生

吴宇森在获得二○一○年威尼斯终身成就金狮奖之时，把这份荣耀又传送给那些孜孜不倦、勇往直前的电影工作者，他是最大公无私的电影传承人。

在美国走红毯

而他，身为父亲的职责在哪里？这是一个好问题，当身为父亲的他在威尼斯的讲台上对子女告白时，女儿 Kim 竟然泪如雨下，对她而言，父亲讲的简直对极了，孩子的确是在他的忽视中成长。

当父亲诉说内疚的心情时，让 Kim 如此不舍，坐在台下的我们百感交集，感激归感激，却是各有滋味在心头，难以细数。

我的女儿其实不需伤感的，人一旦有了要求，就难免伤情啊，这个我了解，其实我想说的是，请吾女别期待着拥有，有时事出有因，并非有了这个，就会有那个，要分类视察，放宽心思会省心些，并不是壹加壹就等于贰啊。

我们真的不敢自称是完美的父母，虽然孩子的诞生是父母的动力，我们期望在其心中，父母的所为，只要达到不过不失就好。

香港家中，奖杯后幸福的微笑

多年来，为了电影事业，吴宇森几乎付出了他全部的精力。这位金狮得奖人，不分昼夜地工作，身旁只要有台剪接机、一张睡床，除食、眠之外，就是为下部电影题材去编写剧本。三十年来的拍戏生涯，一万多个日日夜夜，吴宇森耗尽了个人心力在电影岗位上，绝不缺席，在他的身上我们看到了大禹治水锲而不舍的精神。

我理解他对事业的这份热诚。

1

一九八六年，《英雄本色》电影里，流行一句名言：“我失去的东西一定要拿回来”，曾经失意的吴宇森，已将一切鄙视抛诸脑后了。这的确是给予曾经轻视他的人一记棒喝；也解除了压在我心头的霜气，我万分感激宇森在“苦其心志”之余，还要兼顾家庭生活，真是很难得。

而我所谓的生活，那里面包括三个小孩庞大的教育费用及家庭琐碎开支，平时我除了与两位好友相聚外，家庭开支中的柴米油盐酱醋茶，汽车油费等，尽量以不超支为准，偶尔超了支，我心里就会自责不已。

如今三十年匆匆而过，年岁渐长，却突然心想，我还有多少个三十年可以蹉跎？自己从绘画、音乐到书法，不断拓出更宽广的路，吴宇森也鼓励我写电影小说。我知道只有靠自己不断地学习才会有成效出来。

多年来，我秉持男主外，女主内，尽量不打扰宇森的创作空间，但是，立于同一层级的完美境界去看，我认为彼此心灵的沟通却不能少。人生莫要空过，学无止境，尤其“知”与“不知”，这中间的差距实在太大了。我抓紧时间从中学习，因此在宇森的首肯下，着手去写《赤壁侧写》这本书，并以此书开始，算是我踏上电影工作的第一个门槛。

我并不只是注重“生产”之任，在生活中，我总是侧看宇森他缺失的是什么，就在旁为他做弥补的工作。当然我知道自己并不是这世上最棒的，但是仍然很努力去做好“主妇”之职。我经常自嘲，自己好比孙悟空的七十二变，我还要比孙悟空要会多变几变才行，否则哪一天若做得不好，宇森一声令下，中国传统休妻有七出，他只要实行第八出，我就惨被休了，那可怎么办？

或许因曾失意过的关系吧，自《英雄本色》之后，宇森几乎每一年都

春龙过生日，宇森献吻

完成一部电影。自一九八七年至一九九一年，中间又拍了《喋血双雄》《纵横四海》《喋血街头》《辣手神探》等几部电影，他以傲人的成绩展现自己拍摄的实力，洗刷别人曾对他的嘲笑。在我眼中，宇森的电影世界，藏有着他本身特强的韧力，至目前为止尚无人能及。

一九八三年我们回到香港生活，至一九九二年间，宇森挨更抵夜在拍戏。我全职带三个小孩，身不由己，也甚少到片厂探班。那时期，只见我与小孩永远是四人行，负责他们成长空间的人只有我。无论在校内校外，只要有我，就一定会见到他们，有他们也会见到我，男主人的缺席也成了很自然的事。

宇森获奖后在后台合影

虽然孩子常见不到父亲，我反而经常告诉孩子“爸爸最辛苦”，让缺席的父职永远顶着“爸爸最辛苦”的光环。我只不过想将宇森塑造成一个在孩子心中好父亲的形象，而形象不仅是他的，也是我的。

一九八七年，我们一家五口搬往何文田常康园去住，环境算是有了改善，我们在那里生活了四年多，直到一九九二年为止。

我还记得一九九〇年的农历年，那孤独的年三十，宇森在泰国拍摄《喋血街头》，不能返家与我们过年。年夜饭我依然煮得很丰盛，我与三个小孩在吃完年夜饭后，将桌椅收拾干净，像往年一样坐下来一起包着红包，或许那晚我心里感触太多，就在包着红包时，泪水不听使唤地掉了下来。我一直认为自己要的并不多，只要丁点的“关心”就够了。请问那一天我的亲人何在？我觉得我们连被关心的奢望都没有了，不用说，那一晚可让我死劲哭了个够。

在香港每年的大年初一，好友彭长贵、沈玉玲夫妇总会带着四个小孩前来拜年，他们的出现，让我与三个孩子感到备受重视，我立刻有与至亲友人团聚的感觉。每思及他们给予我的盛情，心中总是充满喜悦。写到这里，即使今日让我写出一百个多谢也不够，仅能将感恩之意永存心底。

一九八七年至一九九二年，这几年是我接送小孩最专心的时候，就是因为自己善于利用时间。我让自己在家从事又快又好的学习，充分安排时间学画、编写会刊。就在学习独立的当头，反而要特别感谢宇森给我如此大的空间，不仅成就自己的兴趣，还扭转了自己柔弱的个性。

而今新时代来临有新的趋向，大家可曾读过《孔雀东南飞》的诗篇吗？那是个古时女子屈从于命运的故事，我以前看时总觉得很不可思议；但后来才发觉，这种事情，无论古今，随时可能会发生，一想到这里，总令人心悸。我们的人生，就像阴阳一样，先天的命运已经存在，但后天的机运仍握在自己手中。即使天地再大，不断前行就不谓大，我与小孩有更好的前程等待，光亮就在前方，适时飞翔在无限的空间，并没有什么不好。

当宇森于一九九一年卖屋抉择西行，我们一起移居洛杉矶另起炉灶时，他等于放弃亚洲如日中天的事业。宇森离开香港时，已抱着破釜沉舟的心境，信心满满地认为，只要自己有实力、肯努力，希望之门总是会被敲开的，以今日眼光来看，他当时的抉择相当正确。

移居加州，当时宇森手上早备着已进入筹拍阶段的《终极标靶》剧本。一九九二年中，宇森到美国中部的新奥尔良拍摄《终极标靶》。许多镜头都在紧临着新奥尔良的密西西比河畔的街道拍摄。观四周房屋的窗

香港家中

台，甚具法国风味，因而在当地有小法国之称。夹在两岸中湍湍而流的密西西比河，终年翻滚着土黄的河水，有幸前往该地，才能深入看到极具地域特色的景致。比如当地人在每年二月中旬举行的嘉年华会，众人会兴高采烈地在街道上起舞。穿着三点式立于花车上的少女，随着音乐将身体扭动得像条水蛇似的，让女人看了心里疯狂，让男人看了全身沸腾。

那年适逢孩子学校放假，首次与宇森在新奥尔良有较长的时间相处，我们抽空去观赏当地名胜古迹，独留吴宇森一人拍戏。

一九九三年这部电影因票房不如预期理想，他在毁誉参半下不断地反省，毅力与恒心是他的后盾。这是宇森到美国拍摄的第一部电影，他化悲愤为力量，积极地筹备下一部电影《断箭》。

中间，吴宇森为了沉淀烦乱的思绪，一九九三年底前往加拿大为自己公司摄制电视剧集《白玫瑰与红玫瑰》，希望能在电视圈大展宏图，可惜仍然失据于一方。

但是那并不影响吴宇森再拍下一部电影的雄心，他并没有放弃努力，相继拍了几部卖座的电影，如《断箭》《变脸》《谍中谍2》《风语者》《记忆裂痕》及《赤壁》，移居南加州这十几年来，他再次肯定自我的实力，也奠定了他在好莱坞国际导演的地位，这就是我心目中懂得谦虚、努力的吴宇森。

2

一九九四年一月十七日，清晨四点多，南加州发生了6.9级地震，震带区就在我们当时的居住地，在剧烈的震颤中，黑夜里听到大女儿叫我们快逃，宇森抓着我冲出房门往楼下狂奔，那瞬间我们很想迅速拉开大门，偏偏门又被卡住了。情况很紧急，我们立即向后门奔去，还好门被打开了。一分钟不到，承上天保佑，我们一家人安然坐在道路边上，幸运的我们都没有受伤，邻居们也都平安无事。

在黑夜中，有人聪明地带了收音机出来，大家都竖耳静听消息。不久见远处冒起火光，我们也不知是为什么。当时情况混乱，没有电、没有水、没有车，我们大家全坐在外面望着房子发呆，或许大家都被地震震傻了……我们由暗夜坐到清晨，直至大亮才敢回家查看。

房子的外观，并没有遭到强烈的毁坏，但回家一看，我的妈呀，那墙上裂开的壁痕与满地破损的玻璃碎片，散落各处的杂物，层层堆积在地，真的不知从何动起，也不知要如何清除干净。

早上九点多，外甥Tony（徐一鸣），由东边惠提尔开车赶来，看看我们全家可安好。他的出现，犹如从天而降的勇士，我们有一种得救的感觉，真是又高兴又诧异。按照他的说明，我们摸清了地区破坏状况，一路开进凹凸爆破的道路，离开了灾情惨重的住家。因为地震后余震不断，我们在姐姐家住了两星期后才敢回家；也因为地震，不及数月我们就搬离了那个地区，屈指算来已是二十年前的往事。

一九九五年夏天，我们远到蒙大拿州拍摄《断箭》，要花两小时的车程，才开到目的地“路易斯镇”。放眼那空旷的草原，近不见房舍远又没有人烟，美丽蔚蓝的天空，满目苍苍的小黄花，只有身入其境，才知道什么叫平原；蒙大拿的居民幸运得不须远游，在此已闻到香格里拉的气息。

剧组大队开拔进驻当地，整整两个多月，我们只能在那里，秉持工作就是娱乐、娱乐就是工作的原则，细腻品尝小镇的生活。或许因为小镇人口稀少，街道也就只有几条的关系，车子慢驶在马路上，都要小心别把路过的蚂蚁给压死。

然而路易斯小镇，对上了年纪的人来说，无疑是个安乐养老的好地方。据闻我们住的地方原本是所学校，后来被改建为住房，部分房间在我们入住时，还在改造中，成天敲敲打打的，灰尘在四周窜流。等到我们搬离后，许多房间依然无法完工，那意思是说，当地的工人可不是那么容易就被请来的，只能三天打鱼两天晒网地慢慢来。也或许太慢了，有人笑着说，这里啊，连鸟都不愿飞进来下蛋，时间就是金钱啊，都浪费掉了！

蒙大拿州真是个美丽的地方，那个夏天，我们一家人身入其境，三个小孩每天随着老爸早出晚归去看拍戏，整部戏仿佛都在火车上拍摄完工。

当地天气顽皮得跟小孩似的，总叫人难以捉摸，每天我们就开着火车跟着天气竞赛，只要看到远方飘来一片乌云笼罩在火车顶上，雨水马上就会洒下来，然后全体工作人员就待在热燥的火车上躲雨，两个钟头后等阳光再现，才能继续拍戏，直到天黑收工为止。

那一年我们生活在美丽的小村庄里，很少和小孩团聚的吴宇森，仿佛要把过往空白岁月，全数给填补回来，他带领着我们，共同拍戏一起生活，而我们也乐得和他配合，让他尽点做大家长的职责，算是对过往岁月迟来的补偿。

有一天清晨，我们随友人，进入当地湖区去钓鱼，享受着钓鱼的乐趣，大家轮流试着把鱼竿抛出去，感觉好棒哦。可惜我们并没钓到半条鱼上来，因为在我们之前早已有一群人站在湖边垂钓，鱼儿当然早被他们的

宇森获奖后向爱妻表达爱意

截阻给吓跑了。然而吴宇森还是很高兴的，我们全都在他身边绕着转，他成功地拉近了与我们的距离，我们让他过了充实而又幸福的时光。

3

一九九六年在洛杉矶拍摄的《变脸》，是吴宇森第二度与《断箭》男主角约翰·特拉沃塔合作。约翰与尼古拉斯·凯奇原本就是好友，他们彼此之间默契十足，两人在片中互换演出对方的角色，已到达演技比拼的最高阶段。

当时《变脸》大部分是在洛杉矶境内拍摄，即使是到偏远小镇去，出门也是三两天的事，马上就能回家。小孩那时在学校上课，因为不需要我在旁跟班，也就被吴先生特赦免随。

一九九七年《变脸》上映后，获得全球观众喜爱，票房大卖，这部戏的成功，正式奠定了吴宇森在好莱坞的国际导演地位。经报纸杂志等多种媒体报道，他也成为全球十大名人之一。那年令人昏眩的名气，飞奔而至，而成熟的吴宇森却以平常心去面对，他并没有被外界的吹捧弄昏了头，回到家来，他也明白自己仅是一个普通的人。

拍戏已让他变得更有耐性，也学会用包容的心与我们相处，我们也已经变成他的精神支柱，彼此心灵依附，不可或缺，因为他的前景也就是我们的前景。

一九九九年，与汤姆·克鲁斯合作《谍中谍2》时，男演员与导演在讨论编写剧本时，为了防止剧情外漏，他们在传递剧本的过程中，已达到“滴水不漏”的地步。拍戏过程中非常有趣的事，在此就省略不说了，以后自然会在其他文章中逐一透露。

为了替公司省钱，吴宇森与汤姆·克鲁斯经考虑后，决定拉队到澳洲悉尼去拍摄。我们家老二吴飞霞（Angeles），那时开始承担导演身边助理的工作；而我也应吴先生的邀请，前往悉尼住了一个月。但我依然很少在片场出现，想来自己的个性，还是喜欢独处。

其他两个小孩，利用放假时间也相继去澳洲探班，我们以不同的时间出现，很有默契地每时每刻给予他精神上的支持。

在悉尼，我儿义方耳内突然出血，经澳洲耳科医生检查，定性为中耳炎，我们紧急赶回洛杉矶做开刀手术，之后经过四次（用四年时间）的手术，才挽回他可能失聪的耳朵。因为澳洲耳科医生的特别推荐，才让我知道全世界最有名的耳科专家原来都在洛杉矶，在洛杉矶市中心的第三街，院内有十位著名的耳科专家应诊，不论来自何方、不论家世如何，每个人都得事先预约才行。当我们在医院诊所复检时，才知道全球有许多病患慕名来就医。

目前我儿义方的听力已经恢复良好，很感谢澳洲那位华人医生的特别推荐。而我想要提示的是，身为家长除了平时该注意孩子的身体状况外，也请多注意孩子在洗完澡、游完泳后的情况，若小孩说耳朵痛，并有出水、出血的状况，别忘了立即要带孩子找耳科专家去做详细检查，定要查出原因为止，以免日后促成大患，变成孩子一生的遗憾！

4

二〇〇〇年上映的《谍中谍2》，上映时全球票房大卖，这部影片，让汤姆·克鲁斯变成众人眼中的超速印钞机。那年我与宇森在全球各地做影片宣传，有机会搭乘可容纳十来人的豪华私人飞机，才发觉乘坐私人飞机，的确具有十足的隐秘性，又可享有快速通关的方便。但对我来说，私人飞机的方便与一般飞机的温馨，都各有千秋。

二〇〇二年的《风语者》是吴宇森最喜欢的一部战争片，在开拍当天，印第安族长特为《风语者》举行印第安仪式，希望拍摄安全顺利。无论编剧还是工作人员，均为吴宇森的拍摄所折服。每位演员也都铆足全力演出。

一年四季阳光普照的夏威夷，绝对是游人流连忘返的观光区。而吴宇森选择的那个拍戏景点，却非常隐秘，那座山，美则美矣，只可惜在拍摄时段，可爱的阳光会突然被遮蔽，冷不防地就下起雨来，让人措手不及。导演经常被迫喊卡停拍，天气的问题真的是无法用人力去解决，但是拍不完的镜头，都算在吴宇森头上。

除了天气外，其他事项都很完美，《风语者》的工作伙伴，无论中外工作人员，都全力配合吴宇森的要求，协助导演将影片完成，让吴宇森道尽感激之意。回想《赤壁》的拍摄情况，好像也是如此，最后影片也是在很艰苦的条件下如期完成，这一切都要感谢大家的倾力协助。

《记忆裂痕》是一部悬疑片，我个人对这部电影是赞不绝口，完全在加拿大温哥华片厂内拍摄的《记忆裂痕》，甚少血腥场面。

到温哥华拍摄，只有一个原因，就是温哥华的片厂收费比好莱坞便宜。影片公司拍戏的先决条件，首先考虑如何节省费用支出。这也是二〇〇三年美国许多影片远到温哥华拍摄的原因。

电影投资方是聪明的，他们不仅具有独到的眼光，更知道如何节省电影拍摄费用，最后才以地域题材编写剧本。与当年情况类似，如今纷纷移往东南亚拍电影，原因也是一样。当片商发觉费用又高涨时，他们又会另找收费合宜之地；进军速度快，撤离的速度更快。“天涯何处无芳草”，急功近利的形势，影响了拍片的潮流，要想明了哪里更为经济实惠，只看电影公司拍片流动走向就好了。

5

《记忆裂痕》在台北首映结束后，吴宇森已知票房不如预期理想，我与他想法略有不同，我抱着平常心去看待，现实的反应是正常的，不如把思绪整理好，再拍下一部电影才是最重要的。其实每部电影都让吴宇森付出了全部心力，看宇森的失意，自己多说也无益。只能悄悄对他说：“人无千日好，花无百日红！”这是我的看法及心声。

吴宇森在拍摄《记忆裂痕》时，虽然很忙碌，但我也不清闲，各有各的展拓空间，我于温哥华完成了第五本书《云南之行》；彼此都没有浪费时间，在写书过程中，我发觉自己天地的大，感到心满意足。

吴宇森想拍《赤壁》之前，他很投入地把所有有关《赤壁》的资料全部读完，并且将赤壁大纲火速给写出来。但碍于当时仍有多部让宇森心仪的剧本在酝酿拍摄阶段（恕不道出片名），所以没有立即投入拍摄。但是，最终吴宇森握有的任何其他可拍的电影，都不及他心中悬念的《赤壁》重要，于是他在二〇〇四年尾，回到中国勘景；因为他已确定自己拍戏的方向，《赤壁》是一部必须在中国内地拍摄的电影。既然故事大纲内容已出，人物也定案，必须找编剧去编写故事场景，于是在二〇〇五年，全力放在编写《赤壁》剧本上。

其实吴宇森当时的心境，已飞离了好莱坞，只想把中国优秀的文化用电影手法表达出来，我在《赤壁侧写》中曾述及，他到好莱坞后想拍《赤壁》的心思从没放弃过，为了实现他的梦，二〇〇五年宇森带着独特的心思，往返洛杉矶与北京之间。

众人眼中的《赤壁》，仍是宇森的合伙人名制片张家振主导，大陆由名制片胡晓峰先生协助，于二〇〇六年初在北京设置办公室，经过年余，才整理出较完善的筹备工作方案。开拍前，就有小道消息传出，将巨额投资拍摄《赤壁》，当时反应不一，毁誉参半，排山倒海的压力随之而来，之后虽在二〇〇七年四月正式开机，却出现了另一重大变故，让大家始料未及。吴宇森被迫接受了无法改变的事实，但是电影制作是不能停止的，导演一边火速更改人物剧情，一边怀着忐忑的心情完成影片。

二〇〇七年拍摄的《赤壁》因三国人物众多，必须详细介绍人物出场及兵法运用，不得已而延伸为上下集。赤壁的下集因大量运用到特效、视效镜头，要在数万卷底片中剪接，每天剪接室需动用十人以上。除了剪接，吴导演也要亲自监督配音工作，而演员们平常各忙各的，要配音就要以他们的时间为准，导演、演员彼此互相迁就，实属不易。

音乐是电影的灵魂。因为导演的要求，著名作曲家 Taru 数次到北京与导演会合，详细了解剧情与配乐的需求；而导演也配合音乐大师作曲的环境需求，数度到日本六和木的配音室与他会合。大家在《赤壁》中已领略到指挥家兼作曲家的 Taru 先生全才的一面，在他身上感受到音乐创作是他的生命，这也是电影工作最重要的环节之一。而来自四川的“阿兰”，她的天籁歌喉，与电影相辅相成。

之前的意外事件，对吴先生来说也未必是件坏事，困难的是事后需要花更多的时间去改剧本，在演员的调度上，都需要重新再做分配，进度受到很大的影响。顺利完成《赤壁》影片，工作人员均以崇敬的心情面对导演，吴宇森一直说这完全是靠大家的力量在支撑着，他把过程变成历练，对合作伙伴感恩之情溢于言表，因此说《赤壁》是部团结、励志的电影，实也没错。

我当然知道，吴宇森日夜赶拍完成的影片，一路走来并不轻松：因为在此之前，来自各方的声音，早已掺杂在许多扭曲的消息中散播；诸多人躲在暗处（精明者）远瞻，冷眼旁观吴宇森的成败，这种现实分界线是早就存在的了。身为老婆的我，知道后并不感到诧异，人之常情嘛，我只能笑着说，《赤壁》这部电影，原来竟与他们的血压一样，内中早就暗藏着居高不下的风险，那份狭隘的人心，已不是我这双豆眼所能透视。

当我在写《赤壁侧写》时，生怕把部分辛苦的工作人员忽略了，以综合多元化的合作关系来说，特别感谢来自不同国界的工作者，每位的实力都在《赤壁》影片中看得到，感谢各位带着折服之心为宇森工作，在这里春龙代夫，付以无限的感恩。

《赤壁》上集，在二〇〇八年七月一日同时在东南亚区域上映，演员随导演由北京、上海、成都、广州、深圳、台北、新加坡、马来西亚等地的宣传工作，可谓轰动一时。当我（妻凭夫贵啊）步入各地不同的城市接受不同热情的款待时，深切地感受到每位工作人员不懈的精神，领略到大家全力以赴的宣传造势，太神奇了，在这里要向各位说声“谢谢”！

《赤壁》上映十天票房已拔头筹，创造了超过两亿元的票房纪录。这也是宇森的心愿，他一心只想票房卖座，能让投资方收回成本才好。

辛劳的吴宇森完全没为个人着想，在财力方面他也全力地付出，只希望在电影中能把团结义气的精神放大，让大家同时了解，影片中表达的虽是中国的义气团结，但放诸四海皆准，这样就够了（抱歉“这样就够了”这句话，没经过吴先生的认同而是自认为）。春龙感谢各投资方对宇森的信心，每位大方的投资算是对吴宇森的一种肯定，肯定吴先生会全力以赴拍出一部叫人震撼的影片。其实只要剧情好，演员演技好，导演就会全力带领幕后工作人员，将所有辛苦呈现成一部有分量的电影给观众，希望观众进入影院，看得开开心心，有所收获。

《赤壁》下集，在二〇〇九年年初上映。宇森在那之前把所有的时间放在工作上，他每天必须工作十二个小时以上，才能如期完成《赤壁》下集。吴先生的忙碌有目共睹，而我，依然窝在自己小小的空间，除了赶写新书，另外还有《东北、内蒙古之旅》及《五台山之行》两本游记待写，看来我的未来，时间又不够用了。

君子近庖厨

对于吴宇森来说，吃得好与戏拍得好是同等重要的事，可是因为时间有限，往往鱼与熊掌难以两全。这便在于调整的艺术。

当年我们在美国的生活很简单。宇森最乐于进超市去买菜，每次买菜，他真的是鸡鸭鱼肉全买齐、白菜萝卜从不缺，外带油盐酱醋糖，唯恐人家不知他才是家庭煮夫。

1992 年，吴宇森在厨房大展身手

只要他踏进厨房，我绝不会跟他争宠于小空间，乖乖地将厨房让出来，让他大显身手。但千万别以为我可以在旁歇息，其实抓码（副手）小厨的工作还更惨，身为大厨身边抓码的人（我）可以缺席吗？请问葱、姜、辣椒、大蒜要不要切？不仅要切成丝状，粒状还有条状。那菜还要不要洗？切、洗、掰不可缺一。

吴大厨只要一开口，经常就把我忙得团团转，我可是比他拍戏的工作人员还好用，那些杂活儿，我一人可要抵十人去运作，否则怎能让他如期煮完一桌菜，那岂不让我早饿得趴在地上了？

拜托哦！天下可没白吃的晚餐，当然我在这里是说归说，既然厨房都让出来了，当二厨也得要当得心甘情愿才行，是吧！

吴大厨煮食有点慢，但慢工出细活，每道菜煮出来，堪称是色香味俱全，非常见得场面。但是试吃的我，只要他说哪道菜煮失败了，并且一再摇头，表示不满意，那好，那我就少吃一点，在试吃之后，我通常会说“还不错嘛”，一句话让吴大厨增强信心，当作再煮下一餐的鼓励。因此每当吴大厨身陷厨房时，我是全力地支持他，即使我一人当十人来用，也没什么好怨的。

后来拍摄《赤壁》这部戏期间，吴宇森已将所有时间耗在《赤壁》的前期与后期制作，所以很难抽出时间，来切切弄弄煮食一餐，好好品尝自己煮的菜味。

可是某天，吴宇森实在忍不住下了厨，首先清蒸一条罗非鱼来犒赏自己的艰辛，他觉得很满意。而身为老婆的我，只好义不容辞地在旁试吃。嗯，不错！十三分钟清蒸的罗非鱼在嫩熟中极其美味，许久不曾下厨的吴导演在清蒸鱼方面的功力，依然不减当年，让我在旁赞不绝口，好吧，在此老婆不妨给老公加分吧！

当然除了鱼之外，吴宇森又迅速炒了一盘高丽菜，还有西红柿炒蛋，尽管菜式看来很素净，或许是因为我吃得较为清淡，只好让吴宇森来迁就我的口味，当然，因为他的成全，这一餐让我们吃得分外高兴！

吴宇森大厨的“作品”

婚姻的誓言

第三十二年——吴宇森永远是我心目中的男子汉

我们的婚姻誓言曾说过，彼此需要坦诚、相爱、包容、扶携、不离不弃。一纸婚约的誓言，那里面有山盟海誓，不变的情意，我与吴宇森因此就度过了誓婚三十二年。

日子如行云流水般过去，今天一看，我们在忙碌中忘却了所有曾经的辛酸。生活像一条弯弯曲曲的小道，当我们即将迈入坦途时，总是希望铺设在我们面前的是一条康庄大路。

在我心中，从不曾因他人的成功而有所嫉妒，我总是在默默地为他们感到高兴；我也不会因为别人的失败而瞧不起人家。我认为一时的成功不能称之为英雄，一时的失败也不是永远的，每个人的路都是靠自己的努力走出来的。败了，只是让人停歇下来休息而已，蓄积更饱满的精神能量，起身再走下一步。

吴宇森辛苦了那么多年，他倾其全力把满腔热情贯注在电影事业上，一步一个脚印地不论成败、不计得失地前行，外界对他的一切评价，他都一笑置之。那曾经的门前冷却、曾有过的冷嘲热讽，吴宇森都没有在乎过。我本身就是铁的证据，这么多年，一直在旁看着他废寝忘食地为电影付出所有心血。

曾经有相当长一段时间，我仰望着天，希望上天的大爱铺设于大地的同时，在给予宇森一切支撑与厚爱的当下，也同时关注到那些与他理念不同的人身上。

我无法拿捏每个人的心态，我只能这样说，每个人都是凭着自己的努力，各自修行，各有所得，成败各自承担，这是一条很公平的竞争之路。

三十二年来，我与孩子看着他在成败中数起数落，我们在暗中为他默祷，希望上天不断地给予他支持与鼓励，不要因外界的冷嘲熟讽而停滞不前，但是，我知道失意的感觉总是难免的。因此，每当我看着他带着疲惫的身心回到家时，他的身影都让我看了心疼，然而我心中那份骄傲从未被抹杀。

对于誓言容我加多一句话，吴宇森永远是我心目中的男子汉！

吴宇森与朋友在家中就餐

第三十三年——夫唱妇随

转眼又一年，自二〇〇八年到二〇〇九年之间，我们在北京的生活匆匆而过，吴导演忙着为新片《赤壁》做后期的制录工作，并且为影片到东南亚区域做宣传，回到北京来，又得不断接受媒体的访问，可说是分身乏术。

而身为老婆的我就轻松多了，只需集中精神专一用心去书写文字就可以。目前我热爱的新天地是写文章，以往曾学过的钢琴，仅是听觉上的享受；而国画的丹青则是视觉上的美感，那是我娱乐的部分空间。

其实，无论室内或室外的活动我都喜欢涉略，说“专研”没份，说“略懂”尚可，只望在善加利用时间之余，让自己活得较为充实。

1993 年，参加西班牙影展时留影

生活空间真的不需要花哨，平实就够了，或许有人会认为我这种人很没情趣，但是只要宇森对身为他老婆的我，有足够的肯定，那么，我就拥有这份肯定就好了。

2006 年于北京，参加朋友聚会

我认为多方面的学习是种美妙的乐趣，而“学问”可爱的地方就是把自己不会不懂之处去学好问明白：不会没关系，就去学嘛！不懂没关系，就去问嘛！身为老师的人不也都是从学生过来的吗？

于今之世，男女无别，大家都在学问中打转，彼此之间相互的切磋不需藏私，这才是学问的优良空间，千万不要给人不耐烦的感觉，学无止境，只要有时间，把外在的才能加诸于己身又有什么不好？

因为自己善用时间，几年来写了几十万字，出版了几本书，我仅希望在每本书中，文字方面都有进步，这也该算是对自我增长智慧的挑战吧！

智慧要增长，食物很重要。民以食为天，天大地大不如食为大，智慧也要，粮食也要，如遇家中黄脸婆煮菜有欠天分，那些四肢不勤，五谷不分的大爷们纷纷下厨煮食，那么，一来可以抚慰自己和家人的肠胃，二来又可以一扫“君子远庖厨”的恶名。

感谢时代的变迁，如今知名美食专家皆被男性包下，“君子近庖厨”的

2012 年年末，思考菜品中

美誉让我赞不绝口。我们家宇森兄识时务者为俊杰，平时遇到他有时间，愿意将做饭的活计揽下，我立即会将“铲”权证交出，为的是鼓励他一展拍戏之外的才华。只要有人煮出来的菜能让我吃得美味又惬意，那么，要借厨房我会大方地让，这一点我是绝对有谦让的美德的。

宇森兄，加油！“君子近庖厨呀！”

第三十四年——“考古”

“人在福中要知福”，感谢吴先生对我三十四年来的厚爱，多年来靠着吴宇森的爱心，外面风大雨大，全由他奋力去遮挡承担，赐给春龙一个安心地，因此，没有他的支持也就没有今日的春龙。对我来说，他给我的荫庇，是一个“实实在在的肩膀”，我不禁要说，男人该当吴宇森。

1996 年，参加西班牙影展留影

孩子长大了，当我们看着他们稳健单飞时，终究是到了该放手的时候，至于要不要挥挥手假装大方却又神伤地离去？想想就算了，重心不同，那又何须多言多牵挂？

未来彩虹依旧高挂天边，我与吴先生俩人依然持续向前行，我们走在余生的道路上肩并肩、手牵手，稳稳地在彼此扶持下并不寂寞。

一起走过的身影

感谢旁人一句“没有过去就没有未来”的提点，谁人过往无点滴伤情在心头，只要熬得过去，再仰望前景，阳光依然灿烂如初。天下无难事，只怕有心人，这样沉浮的日子，岂不是也充满向前的动力，叫人活得更积极、也更有滋味？

那美丽的岁月，并不是在风花雪月中享受过，而是在能忍人所不能忍的低姿态中寻求生机。

当然，偶尔我也会因别人的一句言语，随即抓着空气胡乱响应，不顾方向飞奔急行。其实薄弱的我在那一刻，感觉到了自己的无能，只能怪自己没出息，智慧不见了，问题没先解决好，笨得让自己百般过不去，倒霉的是也让身边人跟着受罪。（忏悔啦！）

如今男女性别已均等，因而要有“能忍人所不能忍”的功力，在这个社会里，不仅是男人的功课，也是女人的功课。

1990年，宴会中留影

大家不妨在忍字头上练功夫，伸也一刀、缩也一刀，那我们就收起自怜心，直接跳过去，由哪里跌倒，就由哪里爬起来，好好发挥自身潜能吧！

我自一九八八年才开始写旅游书籍，感觉乐趣无穷；自己又非常热爱书画丹青，发现色彩极具魅力，每当在画纸上勾勒时，我会立即忘忧；对琴音的美也毫无抵抗，数度着迷。

我把时间凝聚起来，在有限的时间里，让生活呈现不同的色彩。我也经常自我鼓励，勤学有益，在学习中求取进步，叫人雀跃，令人满足！

闲暇时在杂艺堆里玩耍自娱，就能让自己快乐，学习真是功不可没，无形中已把内在潜能给激发出来了，感觉真好。而唯一缺憾就是嫌时间太少经常不够用，如今又心动地想缝缝补补，连女红都想沾点边，但是时间呢?!

或许因为这样，即使我弹奏的声音不那么悦耳，画的画也不那么完美，但这些五花八门的手艺逐样显现于吴宇森眼前时，他也会惊觉身边的“跟得夫人”吴太太与往日竟有不同的转变，原来我的杂学竟会让吴先生看傻眼，嗯！这可是好事一件哦！

因此在我们即将进入婚姻第三十四个年头时，吴先生竟然将我列入他说的考古的对象。

哈，“考古”？我只知道“天增岁月，人增寿”，生老病死人皆有之，对年过半百的我来说，老之将至，双脚已迈入知天命之年。

其实吴先生给我的时间还是太少，如果再多给我二十年的学习时间，那可就不好说了，本来只有半才的我，届时转变成全才，我怕吴先生吃不消呢。

生完两个孩子后，于美国家中留影

因此，吴先生要如何研究我这个一起生活了三十四年的老婆，开始来考我的古？嗯，稍等一下，至目前为止我只能把前半段所学的杂艺交差应个景，毕竟春龙所学有限，学问谈不上，仅能自称半个庸才。

而考古因本人离盖棺还有一段时日，还不到时候评论，今日也就免谈了，哈哈！嘻哈说笑至此，也该告个段落了吧！

其实吴先生眼中只是看到我的年岁而已，他说的古是指我年岁而言啦，不仅是我，他也跟着迈入古稀之年。体态的变化、器官的老化、皱纹的延伸……我们一一接受自然的变化，何怕之有？

因此说要考古，也就是说，他看我老，我看他老而已，这是很公平的事。吴先生别急，请闻空气，那“古烟”早已在四周弥漫着了。

台中禅寺合影

第三十七年——重生

二〇一三年三月五日，是我们结婚三十七年的日子，连续几年写的东西都是生活，今年我想诠释的是另一种情怀——感叹生命的瞬息变化。

很不好意思，写医院的事，请别介意哦。

但我们是常人就会生病，每回只要踏入医院，我们触及的就是生老病死浓缩在一起的空间。

在医院里，医生是上帝，护士是天使，每个病人都活在那个空间，渴望被上帝与天使拯救。是的，是的，在这里已把社会形态缩小了，在医院里，就能看到社会众生相。

在医院给人最强烈的感受不外如是：

生——有人怀孕了，九个半月后宝宝出生了，这是喜事。

老——六十岁后，发稀、皮皱，身材变形，身体健康，这是好事。

病——人病了，只要找到病因，就让医生去治疗它，这是好事。

死——亲人的痛留在人间，自己的精神去了天堂，死亡倒不是件坏事。

我把生、老、病、死的四个因素简短地道出，只是一种说法而已。而这些生老病死变化的发生就像空气一样，进进出出那么自然。

看起来也像婚姻，在顺缘牵手中是如此的自然，每点每滴、每人的际遇都不相同，因而也会促使个人境遇的转换。

不知是谁说的，变动就是永恒，如果讲到变动，我只能先说生三个小孩我们有三种变动，搬了好几次家如果也叫变动的话，勤跑不同国家也叫变动的话，那我们真是动、动、动个不停，这也是没有道理可讲的。

吴先生经历这段病期，我选择了精进与体验；精进的是心灵，体验的是肉体，就这样倏忽一年而过。在过去的一年，既然面对了就不怨天尤人，不悲伤，哭泣更是于事无补。

吴先生在接受治疗时，我持有的是学习精神，每日想着把该做的工作做好，把该吃的饭吃好。人是铁，饭是钢，我们要有健康的身体才能照顾好病人，彼此给予的心安最重要，不要增添无谓的烦恼。

在当时来说，身边亲人遇到这样的病情，我也傻了眼，但却只能顺势而行，只有想办法去医治它，把它当作良药，好吞吗？当然不好吞，就像饮水冷暖，贵在自知，也就别问了。

在我的人生里，每逢挫折，我都当作是个挑战，这是另一种学习的机会。就因为抱着学习的心，才勇于面对挑战，有不同的收获才会让自己的智慧增长。是的没错，面对选择就是面对自己，每次我都当作新的挑战，勇敢面对，等于丰富了自己的人生。

春龙在这里要向三军总医院的工作人员致敬。为医治吴先生的病，我看到每位工作者不分朝夕地勤劳工作，没有休闲时刻，真的是上下齐心，做到了仁者仁心的付出。在医病期间医护人员对病人隐私绝口不谈，无人标新立异也无人要扬名立万，让病人安心接受治疗，由此可知良好的空间固然重要，但保密更重要。

回想吴先生于二○一一年的十月正筹备《太平轮》的前期工作，因耳朵有点问题就在北京做耳科检查。吴先生跟医生说自己颈部偶尔会肿起一块东西，顺便检查看看怎么一回事。

医生一听马上把吴先生转到肿瘤科做切片检查，摸摸看滑溜溜的不像坏东西。但医生不敢掉以轻心仍然做足切片检查工作，用 X 光片来讲话。

吴先生轻松地认为那只不过是个小东西而已，是的，这个小东西也就是所谓的肿瘤，已进入第三期。

知道这样的消息我马上打电话给我姐姐，我姐姐则把她最信任的好朋友请出来，她在台湾从事护理工作已超过四十年。

这位蔡奂美小姐是位良好的护理人员，非常地有个性，她对病理的专业与认知达到了医界精英水平，我们的一切事均由她出马联系。而最终，医师团队肯为吴先生做治疗工作也是我们最大的荣幸了。

在此特别感谢她。不是别人，她是从我十岁就认识的 Ms. 蔡，我口中永远的 Ms. 蔡。

因为 Ms. 蔡，我们到台湾进出于三军总医院做预先的拜访与认识，对院方的治疗程序先有所了解。

而吴先生漂洋过海的检验报告出来后，其结果与北京肿瘤医院检查的如出一辙没有加减。

二〇一一年十一月十一日左右，吴先生住进了三总开始接受化疗，两个星期后吴先生才体会到原来化疗这样苦不堪言。

艰辛的治疗过程还要我再说下去吗。哦不，不说了，这种体验，说的人辛苦，看的人更辛苦，多说无益，在这里就不多言了。我只能说，那时他吞下去的药可以绕着一〇一大楼几个圈，反正这是一个故事的开始，也是一个故事的结束。

在那时，我们有三个惊慌失措的孩子，加上一堆错愕的朋友，全都傻了，大家也只能傻了。

看病是要费用的，病人的花费笔笔都不能含糊，没有资金去运转就是不行，现实逼于眼前只有“残酷”两字可言。我明白了，这个时刻，我为人妻者报恩的时候到了，我选择面对，把责任扛起来。

因此在那时，我只能悠悠地说，只要吴先生安心养病就好了，外面的事由为妻去张罗，我心甘情愿付出所有。

经过两个多月的治疗，吴先生的肉体终于面对事实，开始接受皮肉之苦，其难言的痛楚，只有用“煎熬”二字形容。

还好在二〇一一年的十二月底，三个小孩由洛杉矶飞到台北，在三军总医院病房内，一起陪伴爸爸度过一个温馨的圣诞节。

在节日当天，我们家老二，吾女吴飞霞用她的巧手把病房布置成随时可开派对的感觉，吴先生很开心，我们都很开心。

逗留一星期，因为工作的关系他们又相继回美国。

我们于二〇一二年的一月十九日由台北返回洛杉矶，当时他是坐着轮椅离境。说穿了即使坐在飞机上又能让他舒服到哪里去？不能吃也无法安睡，是带着满身的痛楚和辛苦回家的。

吴先生返回洛杉矶，仍然要接受美国肿瘤科医生的治疗，团队总主医Dr. Lieber，他是当今美国肿瘤科的国宝。与他联络是要费番功夫的，因为他的病患太多，在此之前我们女儿吴尚方与他联络时，心里很怕他不接受吴先生的续疗，与医生见面时她当场痛哭。能让 Dr. Lieber 接受吴先生的另一段的医治过程，我只能说，医护者犹如上帝，爱护众生的仁心仁术是很重要的，Dr. Lieber 他做到了。

吴先生成为 Dr. Lieber 的病患后，中间曾接受过几次手术，过程也是一言难尽，但总算是吉人天相，庆幸有成功的结尾，那么在这里我又要说了，一个故事的开始又是一个故事的结束。

由台湾返美国与医生的联系，吴先生全靠孩子的安排；上天是知晓的，当它关上这扇窗，却让我们看到另一扇窗的远景，这就是觉醒时刻。于此我们抱以十二万分对孩子的感恩与感谢，我们同时度过了病情的难关。

我们在二〇一二年一月十九日返家后整整一年的时间，不断轮流充当司机，我与小孩同时都在学习护理工作，这是一段很好的学习过程，值得大家珍惜、称赞。

而当时由大女吴尚方主理与医生联络及看诊的时间，只要时间一到她一定在旁陪着爸爸，为他填表格及协助医生护理，尤其在爸爸开刀时，更是亲力亲为，在病房内外跑着、护持着。

二女，吴飞霞对爸爸的服侍真是周到，去药房取药，购买药物用品、换洗床单，迅速煮餐给爸爸吃，只要时间一到，就赶紧开车带着爸爸去医生处会诊，一丝不苟地在旁打点着，很专业、很厉害。她一身兼三职，又要上课、又要上班、又要陪爸爸会诊，周身都是使不完的利器，真是比侠女还侠女，好用。

三子，吴义方每日下班到家，总是展颜欢笑，陪侍在旁、殷勤慰问，有时帮爸爸理发。在家的吴义方是爸爸的贴身理发师，古时叫御剪啦，只要有时间他总是储满耐性为爸爸除污换药，倒个茶水什么的。

吴先生应该知道，这时候孩子的表现就是福气的凝聚，他享受的是他此生圆满的滋味。

我唯一可做的就是向上天祈祷，只要把保健功夫做好，让吴先生保持身强体健，未来二十年的工作时间肯定会有的。

我说了不算，也请朋友多加爱护吴先生的健康，大家齐做保健工作，以后就拜托大家协助，这才叫朋友。

我们一家五口，齐心断金，吴先生在孩子爱的滋养中学会了放下，享受着小孩付出的一切，专心养护自己，不烟不酒，有人已经懂得珍爱自己就是惜福之举，很好，很好。但吴先生在这段休养期间，我依然想着，如何去把护理工作做到完美；我想如果我是护理人员，无论如何我是只能理解病人的治疗程序而已，但并不能取代病人的痛苦，痛苦要由病人自己去承受并勇敢地渡过难关才行。

另外，护理工作不是名词，这是要有绝对的毅力及奉献精神才能办得到的，而我仅是初学护理的表面功夫，也惊觉这不是一件简单的工作，不相信吗？你尝试来做做看。

在医院，医生与护士就是上帝与天使般的精神支柱，春龙我在此不分国界地要为所有医护人员大力地喝彩，加分、加分又加分！

我要破表加上去到壹仟零一分，他们真是太伟大了。

如今，吴先生笑着说，在这一年的休养中，他把以前缺失的睡眠全给补回来了，是的，有一段时间他睡得真多，扣除上厕所时间，他一天可以睡到二十三个小时。

现在我们身在北京，吴先生身体健康更胜从前，他精神奕奕地拍摄电影《太平轮》，这部戏也拖延了有五年之久。

吴先生在二〇一三年的一月，或许更早，就已用心地在编改电影的剧情，看DVD、书，不断地与美术组、副导、制片、摄影、服装等人开会，希望把自己对电影的认知、精华给拍出来。

好的，好的，家庭后盾的支持很重要，咀嚼过去、远瞻未来，我们大家都会支持他的，吴先生真是个好样的，这种坚强的心态，足以让大家借鉴。

其实我也有脆弱的一面，一点不坚强、也不勇敢，大部分时间皆是靠自我的鼓励而坚持着，因为我是众生也是常人，也有需要鼓励与慰勉的时候。

因此在未来，无论是肉体或精神，当我们面对难关时，就得学习大步地跨过去。于此互勉，希望大家在坚持中，把生活过得更加充实与美好。

怎么样？三十七年的婚姻听来还不错吧！

此时春龙的心愿就是祝大家身体健康！身体健康！身体健康！

2004 年，在台北参加某节目

结　语

谈夫妻之道，论夫妻婚姻，这简直比做学问还困难，但却是非常有意思的事，浅谈一下也还可以，在此仅以普通人的心声，来道“情”是什么，“爱”是什么。其实这种小情、小爱难以言明；尤其游移在夫妻之间的情与爱，彼此牵扯的爱恨情仇，谁都说不清。说“感情”其中还是有深浅之别，当事人犹如身陷泥沼（一笑）。

1996 年，在新加坡合影

感情之事可以有两种结局。它可以像酒一样越喝越醇，也会像赌博一样越赌越薄……

1996 年，在西班牙合影

我们经常听闻许多夫妻在婚姻途中变节，我认为，关爱的本心若不见了，我们就必须把身边那个臭皮囊给放弃。尤其处于现今繁华都市里，“爱情”备受考验，这并不关潜不潜规则的问题，在今生我们若把爱的问题处理不当，果力就在今生来受。因此婚姻关系我没敢小视，我是战战兢兢地抱着这个课题往前走，在战战兢兢里学会维系之道！当然这是个人的说法，“我”不可以代表众人的看法，只有在身入其境，步入其中时，才知道苦乐的拿捏全在于自己。可别小看我们夫妻之间的情义，行行复行行，是需要彼此无限的包涵谅解，才能过关。

我们的婚姻就像时下夫妻一样，大家是怎么样，我们就是怎么样，婚后接踵而来的，就是彼此面对家中的柴米油盐酱醋茶。俗语说得好，家家有本难念的经，其来龙去脉的账，总是苦多乐少！往事会随着时间而模糊，但在新愁中，多少会仍抱着无名的痛楚，这种苦乐参半的生活，即使贵为一国之君都无一幸免，我想这世上所有的家庭生活都是如此的吧，说难不难，说易不易，大家都是同样鼓足了勇气在蹉跎中度完了一生（一笑）！只要没有生离死别的场面，这样的结合，我们不妨称之为幸福。而我在这里说的幸福，可不是乱喊空口号哦，而是实实在在地去面对生活。在回忆中写今世缘，对我而言，原本就是种严苛的考验，既然曝了光，只有坦然面对而无须逃避，偶尔谈谈往事，就当作对大脑重新进行一次扫描倒也不为过。

家中亲密合影

俩人若遇到烦恼事，处于勉强的牵扯与痛苦的当头时，要如何去解决？要靠自己的智慧解决。若彼此因理念的分歧，生活立于尽头时，要如何去处理？要冷静、包容并运用极高的智慧。

夫妻之道，就像米粒一样，所谓一样米养百样人，吃了下去，百味杂陈的曼妙就在其中。大家遇到“婚姻”杂草时，请别忘了时时把“智慧”拿出来用,“智”是知,“慧”是了解。总之夫妻之间，贵在彼此真诚相待。清官难判家务事，一切得由当事人去自己处理。而局外人不如聪明些，远离炮轰范围，那会比较安全一点。

三十多年的誓婚已过，时间一点都不留情，我们的青春，随着时光的飞逝，早就移交出去，如今在小孩身上，可看到他们快乐的青春时光展露，愿他们享受美丽青春之余，莫忘了其间掺杂着身为父母的祝福。

第三章
手　足　情

我与兄姐虽然同生在一个家庭，他们却总是保持着神秘感，将沧桑埋在心底。只有姐姐在人生道路上紧握我的手，宇森常心怀感恩向姐姐说：“谢谢。”

1

今天是我这当妹妹的真情告白，在这里我要向我大哥春匀、姐姐春陵及二哥春渝致最高的敬意。

当年你们随母亲颠沛流离地生活，不是只两年的时间，而是十年八年艰苦的逃难生涯，这绝非是一般小孩所能忍受的日子。以今日观点来看，我哥我姐是必须得经过特殊心理建设与安抚，才能挥别曾经承受的苦痛与压力，但是在那个时代对于心理层面来说，并没有这方面的考虑。之后由香港到台湾接受新生活，你们咬紧牙关向生命挑战的毅力，释放着坚勇精神，历经层层的考验，让我看了真是佩服。也因为有你们的存在，反而凸显我这个生于和平年代的妹妹有多幸运，或许是一家人的关系吧，每当听你们在外辛酸求学、艰难求职的叙述时，我都备觉神伤。

看到你们散发的热情像孩子一样，其实你们内心也想拥有无尽的爱，但你们不敢要求，不是吗？你们也向往自己手里拥有丰盛的礼物，你们也不敢要求，不是吗？长大了以后，你们宁愿争取的是爱心而不是什么浮华奢侈；你们宁愿要的是鼓励与宽容而不是什么礼物，我这样的形容对吗？虽然外表看来，你们总是保持着神秘酷样，那只是因为我哥、我姐早接触残酷的炮火世界（逃难），将沧桑埋在心底，而不愿在我面前宣之于口，看到哥哥姐姐如此坚强地面对，反而让我觉得自己生活得很幸福。

我与兄姐虽然同生在一个家庭，同走在一条路上，我却因晚生了十年，避免了忍饥饿肚、避免了午夜梦回的警报声，也少走许多磨难的路；尤其面对父母短暂的姻缘，我究竟还能说些什么？因此我在母女缘中才会这样写着：“因为有了哥哥、姐姐与母亲，在这么多人的陪伴下，即使我身边少了一个父亲，我得到的比失去的更多，夫复何求？”这就是我的真心话，此生有你们，我感到满足，不须重新再去选择，就这样了吧！

每当我见到兄姐三人，就像碰到强力精神能源发电厂，我心里踏实地接收着不同能源的灌溉。无论如何，在你们身上，我应该认知什么是坚强，也应该常保精神奕奕的状态去面对隐蔽的暗角才对，我理该学会很勇敢才行。然而我这当妹妹的太没用，头脑又不灵光，又经常哭，搞不清状况也要哭，除了哭，也不知道来到这世间为的是什么。我想自己哭的不仅是因为自己无知，还有就是感觉无助，只因看不到未来，还时时为悲情的母亲洒下同情之泪，我这里悲苦交集得还没来得及站稳这一脚，就已经怕得不愿把另一只脚再伸出来，只觉得这个世界太可怕了。因此你们看我小时候那副德性，就像看到一个很没个性的阴阳体一样，在清醒与混沌之间糅成一团，只因我害怕而不想面对这个世间；只可惜我的脚竟错踩在泥沼里，愈陷愈深，怎么拔也拔不出来，只好选择留下与你们共同向生命挑战，我这样说不知你们会明白吗？

其实我多么希望自己也可以跟兄姐一样坚强，就用一副冷峻的表情，去看透这世间。可惜当我长大了，碰到你们在生活、精神缺失的时候，我这当妹妹的，光有同情心也没用，我无助也无法在旁给予你们适时的协助；因而之后当你们看到我跌跌爬爬地直不起身来时，你们也无法给予我任何协助，这很公平。

“骨气是拿来用的”，在我眼中，我的兄姐早已越过人生的最高境界，而我却还在起跑点跑着；在人生过程里，我实在不忍心再看到你们遭受磨难，与其那样，倒不如换你们来看我抱着“磨石”，等我尝够苦头，跑够了再说吧。

一旦探讨到家庭问题，我们也与一般家庭一样，问题总是会有的。每个家庭的成立皆不容易，而今生难得有此机会聚首一堂，诚属得来不易，但凝聚力一旦散了的时候，这场戏也就散场了，至于未来是否再有机会齐聚，也不知是何世的事了。如今我们关系的薄弱，并不关年岁差距问题，是在于大家相处的时间太少，没有良好的沟通管渠道，即使就以现在退休的时段来说，大家也忙得认为谁还会有那闲情去聚会呢？而我？只能张大着一双眼，等你们都有时间再来与我相聚吧，找到姐姐，就找到我了！（看，我这个当妹妹的又把责任给推到姐姐身上了）。

我大哥长我十一岁、姐姐长我九岁、二哥长我六岁。因为自己年岁小，平时在家，即使想说什么也没人会在意，话语权非常弱，因而我连吵架的方式也不会，听来这太不像小孩的成长方式，可是我就是这样长大了。

而这个社会，不具恶霸的本领如何去立足？立足的本领我可没有。可是我懂得在旁观察、在心中评价，因此我比较适合窝在自己的写作天地里，希望坚毅之心源源不息，让大家受惠，也让自己生活得更加踏实。

从小我的模样，就长得有点感冒（样子不可爱），又没有一点讨喜的影子，生来就一副平凡的长相，瘦小又黑，书又读得不好，从头到脚毫无特点可言，加上人人喊打好哭的毛病，人家怎么看我怎么讨厌。尤其上小学时，台北旱热的太阳，早把我晒到黑得变了形，因而我在兄姐眼中，就像草原边上的一株小草，没有人会注意我的存在，嗯！下面这句话让我哥我姐听了会对我更加感冒（讨厌死了），哈！结果我就在你们忽视下却愈长愈健康，因此在家中，只有最高领导人（母亲）才会对我关爱有加，没办法嘛，谁叫自己没争取到父母良好的外貌基因。虽然我长得丑，但在母亲眼中，我依然是她的孩子，她把我疼得像个宝。或许因为我年岁小，她不放心把我搁在家，经常带在身边，到后来她也就惯性地时时带着我出门了。其实母亲那时已用她半边的翅翼遮掩住我弱小的身子，不让别人欺负。如果母亲本身是个笼子的话，我又怎会不心甘情愿待在笼内呢？但是我却忘了，我哥、我姐，也是母亲的孩子，母亲也用另半边的羽翼维护着兄姐，大家都争相享用母亲的关爱。或许看我当年被母亲护爱有加的关系，即使是现在，我仍会听到大哥说，我被母亲惯坏了，母亲怎么宠坏“阿龙”，我倒还没感觉到，但是，嗯！倒听得出老哥醋味十足。

2

我大哥，就是会吃我醋的这位，生于战乱时期，听来就像投生在东汉末年的感觉。其实我哥也痛恨他自己投胎错误，然而在没有选择的情况下，只有勉为其难地在牛家当了老大，为什么我会这样说呢？因为每回听我老哥忆儿时，他经常被母亲抓出来修理，皮肉痛得直叫，让我哥想来就非常感冒（害怕），尤其那句话“棒头之下出孝子”，真是让他听来很抓狂。因此，各位好心人士，碰到我老哥闲话家常就好，千万别在我老哥面前提那一句“棒头之下出孝子”，看看我妈已失算在先，她一定没想到结局是，棒头挥出去，孝子却跑了。

虽然我如此调侃大哥，但我哥他是个有骨气的人，之前随着父母走过水深火热（逃难）的日子；之后他达到了自己期许的成功之路。在一九六几年的时候，他这个哥哥当得真是可圈可点，尤其他在美国求学的过程，说来是句句心酸，即使西雅图严寒气候也难不倒他，现今红了的鼻头，就是他求学时，刻苦的印证，可怜的老哥，令我们不得不佩服他的勇气。

我哥踩在成功的路上，但他是个很自爱的人，这我全部认同。妈妈在我们面前，总对他在各方面的表现满意到不得了，而妈妈在朋友面前更是对大哥赞誉有加，不用说，我哥就是我妈今生骄傲的光环。

我老哥年纪轻轻就把“奋斗”两字放在当前，其后他把苦当糖吃，让自己“苦其心志，劳其筋骨”，才谈到立志立业。曾听我哥说他在读大学时，其他同学在吃夜宵，他只能饿着肚子温习功课，他尽力把学业成绩考第一，因此人家宵夜他苦读，名列前茅就当成是他的夜宵。当他说着求学的经过时，就像在说着与自己无关的一个故事，那么轻松、那么自在，然而我仿佛听到他心底在滴血的声音，但我毕竟无法替代他去经历，当妹妹的（我）只能报以同情。多年来，他装载着心酸，步步为营地走到今天，他功成名就，成为徜徉于航空界（制造飞机）的翘楚，令我们这三个弟妹全都引以为荣。妈妈（在天上），拥有这样懂得上进的孩子还不好吗？如今五十年都过去了，到现在我依然没看到他有吃零食的习惯。想想看，当年妈妈怎么会不知道孩子的委屈？其实那时妈妈只要有能力，更愿意在他宿舍旁，为他开家“7-11”，要吃随时有，何苦为难自己的儿子去挨饿？但是因为没有钱，这种“为难”就成了定局。

而我在这里大言不惭地小说两段我哥的事，希望我哥明白老妹我，不得不借用在我回忆中的往事细述一下，大人有大量请别在意就好了。而我哥他今生的座右铭就是“自知”，因为自知而造就了自己成功之路，在此我把道德经中“自知”的语句，释写出来，彼此互勉。

知人者智，自知者明。胜人者有力，自胜者强。知足者富，强行者有志。不失其所者久，死而不亡者寿。

注解：能了解别人善恶优缺，是智慧。能了解自己才是清明。能够战胜别人是有力。能够克服自己的才是坚强。能够知足淡泊财货的，就是富裕。能够勤行大道而恒久不息，就是有志。不失根基，常处于道的，才能长久，即使死了，但精神不朽的才是长寿。

后来听说，当年我哥事业正爬向巅峰时，许多虎视眈眈嫉妒他地位的人，将他排挤出原本他该登上的席位；被人排挤的我哥，因为良善的个性，选择了退休。

五十年前母亲为了培育儿子，重金买下能在空中飞翔的小飞机，让我哥去钻研，那时我哥才上高中，已在飞机方面表现出一份狂热，因此制造飞机变成我哥今生最钟爱的工作。

退休后，反而让我哥有许多时间书写有关飞机的制造过程。他表现得很坚强，像个不倒翁，没有人可以轻易压死他的实力，凭着他在航空界的盛名，我哥把制造飞机的过程用文字写成书，出版了 Composite Airframe Structures，Airframelysis & Sizing，可通过网络找到。以前我从来没问过我哥他写了哪些书，连书名也不知道，而这些也是我现今在网络上查到的，在这里也请我哥原谅我迟来的关心才好。

我哥让大家得知“制造飞机”是他今生努力的方向，他勤劳不息地自修，看他在飞机结构方面的学识，看他热爱飞机的程度，我认为我哥的努力，已排行在 N0. 1 的阶段，不仅是现在而是永远。其实他的压力也很大，他经常要动脑设计性能良好的飞机，把乘机者的安全性提到最高层次，把危险率降到最低，像他这样的人才，因不够圆滑而退出职场，未免也太可惜了。

还好南加州 UCLA 长年提供了一个最完善的教学场地（教室），让他贡献所长，为世界各地想学航空的精英去教学，他就当上教授飞机课程的牛教授。只要有人愿意邀请他讲学，他就会高兴地应允跑去世界各地教学，他大方地把自己的专长，巨细无遗地传授出去。

像我哥这样的人，我希望大家给他无限的包容与爱心，我甚至希望世人用“爱满惯”（欣赏）来对待他，我只希望我哥绽放生命余晖，但也别忘了选择爱自己多一点，勇于追求自己想要的幸福！为什么不呢？在这里我除了奉上无限祝福还是祝福！牛教授最棒，请加油！

3

在这里才谈到我二哥，并不是我不重视我二哥的地位，而是我二哥他永远懂得屈就，长幼有序嘛，即使我想把他放在第一位，他也会挥挥手说：“不需要，不必了。”我与二哥，皆是性格相同之人！

“赚女人钱最容易”，这是二哥就读台北工专时所说的一句箴言，他说女人爱美是天性，哪个女人不喜欢在自己脸上又涂又抹地折腾一番？看，想把天下女人变美，这就是化工系二哥当年的美梦。在那时我已知道，女人要保持容颜的亮丽，就必须与化学品打交道，而美女就是在化学原料覆盖下加工而成。只可惜，我二哥后来竟选择在石油堆中过大半辈子，让化妆界少了他这位奇葩。而他那句箴言，我们就只能梦幻一番，用来听听就好了。

恐怕很少人知道，我家牛二哥是个超级俊男，也或许我天天接触这俊男的关系，长大后我不会因人“俊俏”之相，而随便动之以情，这方面我是很免疫的。想想看，天下人再俊，难道还会俊过我二哥吗？不信去问我二嫂，在我二嫂眼中，若我二哥俊男排第二，谁敢说自己是第一呢？

在我读高二那年，二哥就以自己所学的本领，进入高雄左营炼油厂，以工程师的身份留在南部工作，也就在那年，二哥不费吹灰之力娶到我二嫂。或许因为二哥身在高雄，我妈才会将我送入高雄佛光山的佛学院去就读，彼此好有个照应。

其实我二哥并不是柳下惠，但也别小看了我二哥的老婆，他平时听我二嫂谈些有关性病的知识，全以图片为证。我二嫂她并不是别人，她是个具有专业知识的护士。而二哥自从娶了老婆后，他最大的功力是对外面的女人说“不”。其实每个行业都有默规（潜在规则），又岂是存在于娱乐圈里？话说回来，每当公司派我二哥到外地出差，半夜响起敲门声，他打开门一看，如果是女人想来特别服务的话，他的反应是立即关上门。

看二哥今生多幸运，有个护士老婆在身边，为他讲述身心健康的观念，单就为了健康着想，我二哥心甘情愿放弃许多娱乐，他只好由篮球打到网球，再由网球转战打到高尔夫球，他今生的强项都显现在球类上，由此可见我二嫂对我二哥的教学成功，后来还大方地放手让我二哥专心在球类运动上发展他的潜能。

说笑至此，开始言归正传，二哥的聪明是有目共睹的，中学毕业参加联考，他可以在联考的前一天与朋友玩篮球，晚上回家才通宵读书。第二天到考场应试，等发榜时，他考上了师大附中，同一年又考上了台北工专。按照古代说法是他同时取得了探花与榜眼的资格，他的聪明早在我妈心中照亮了许久，这两个儿子的出类拔萃，让她乐不可支。尽管如此，我妈也没少给我二哥吃“藤条焖猪肉”（挨打啦），而我妈那套管理“安良”政策用在他身上，偶尔一番的修理，倒也收到了镇压作用，这便是二哥成为顺民的过程，并不是没有原因的。

一九四五年抗日战争结束后，二哥在四川重庆出生（由产婆接生），被父亲取名叫春渝，抗战结束才出生，乍看之下二哥的运气好像不错。然而战争并没有结束，民不聊生，小小的二哥也要开始逃难的生活。

请别认为在我二哥一张俊脸之下就没有悲伤，这会估计错误，虽然我无法深究二哥的心中世界，但他是凡人，他也有洞悉世情的双眼。多年来，我少见二哥的喜悦之情，如果说让他说出口，肯定没有快乐可言。我认为，二哥意识里只是想把伤悲给遗忘，他已酷到将曾经的历练深藏于心了。因此当我们都成家后，在后半生，我们没有珍惜这种难得的兄妹情缘，竟让彼此渐行渐远，有点可惜，以至于我未能有机会去深入探视他的喜怒哀乐。

我二哥他那过眼云烟式的口头禅“没什么好提的，都过去了”，这种大而化之的动作挥手离去，反而让我难以释怀！每当他那不争的性格，浮现得更加显著时，反而能肯定他内心深沉的悲痛一直是存在的。时间的拉长，留下的凄伤，是不可能让他遗忘的，如果是这样，我这个当妹妹的就实在太笨，因为我无法赐予二哥“大爱”的光辉，让他从中获得释放。

我深信二哥文学潜力肯定不在球类之下，但是二哥却选择了把业余时间全部放在运动方面，我想他自有他的考虑，他让自己活得轻松自在，空闲时只要打打球就好了，这也是我二哥聪明的地方。

二哥在一九七六年带着家小移民美国，我大哥那时临时介绍他到朋友餐厅去打工：在餐厅里，他学会快速包水饺的窍门，他看着大厨躲在冰箱门后，偷偷调出密制酱汁。在那个年代（一九七六年）只要有客人喜欢大厨独到酱汁的口感，简直等于拥有捏紧老板喉咙的不二法门，为确保餐厅营业顺利，老板不敢乱炒大厨师的鱿鱼。我二哥在餐馆工作时间很短，但他在同事中有良好的人缘，即使后来他离开了，也成为同事怀念的对象。他对工作认真敬业的态度，肯吃苦耐劳的好风范，也是身为男人负责的表现。

也或许他曾接触过餐饮业的关系，以后只要到餐厅吃饭（在美国），他给的小费一定很丰厚，因为他知道，许多在餐厅工作的侍者，是靠客人给的小费来养家，这是我二哥深具同情心又细腻的地方。

我二哥外表英俊，并没让他心生傲慢，他依然步步为营，并且异常珍惜自己一手建造的小康之家，即使后来移居到德州炼油厂做事，他也以一己之力将家中妻小照顾良好，直到三个孩子都大学毕业；如今他膝下有孙，堪称老怀大慰。

二哥要求很简单，他是个并不憧憬名利的人，若以普通眼光去看，他仅是个对家庭负责又很居家的男人。然而对我二嫂而言，她会是让许多女人羡慕的对象，我二哥不烟不酒，又不去夜店消遣，家中大小事交由老婆负责，薪水全数交给老婆管理，又对老婆尊敬有加，这样的先生，只要我二嫂没有太大的要求，今生她栖倚在我二哥肩膀下，应该感到幸福与满足；无论如何，二哥他心里追求的，只不过是一个完整的家而已。

4

如果有人说我是宇森背后的女人，那么别忘了，藏在我背后的，还有一个重量级的推手，她就是我姐姐，这是上天赐给我的一个最大的礼物。也因为有姐姐携手与我共度，让我频呼此生真幸运。

因为有姐姐不离不弃的相伴，让我勇气倍增，但是如果没有姐姐在旁边给予我扶持的话，我就缺少面对人生的勇气，无法放胆迈出每一步。所以除了母亲，我每一步路的痕迹，皆少不了姐姐影子的存在。

说出来也好笑，我从小就是姐姐身边的跟班，以现今的说法就是小FBI。我的任务是由我妈颁布的，而我只能听命于事。简单地说，我姐的娱乐就是我的痛苦。

自从我必须随姐姐出门的那天开始，等于就是我作为家庭式的FBI噩梦的开端，可是我又不能不追随，因为在家里，我妈说了算。

妈妈知道我们平时没有娱乐空间，于是会让我们每个月看一次电影，让兄姐减压，我妈算是很开通的，我也认为我妈的做法很英明，这也是我父亲教会我妈如何与小孩建立良好的互助关系。因此每当她手上稍微有些余钱，就会在其中挤出兄姐的娱乐费。但是对我而言，只要姐姐说要去看电影，就会让我头痛，因为从家里走到戏院，少说也有三里长的路，自己又没有逃难的经验，一听到走路就双脚乏力，一听说要出门，自己那双不争气的小脚，马上就很想偷懒，小小年纪只有六七岁的我，哎呀实在走不动啊！

每回随着姐姐去看电影，我还真是心不甘情不愿，后来有一段时间自己身体孱弱，经常扁桃腺发炎引致发烧，双脚的力道更弱，但是只要不生病，看电影的路还是要走的。当然难免有人会问，难道不会搭公交车吗？如果我们搭了公交车，那买戏票的钱就不够了。唉！这种事提起来，会让我老姐回想从前的阿龙真可恶，往事还是别提了，因为她要哄着我好半天，我才愿意跟她出门。

姐姐在如数家珍说着明星名字时，我也听得懂，可是我真的没兴趣，那时流行的欧美、日本片，我倒是看了不少，只是记忆力不佳也忘了不少。

当我上了小学，我不仅是姐姐的贴身跟班，又升一级变成她身边的小妹，只要她一呼叫“阿龙”，这个阿龙就要飞奔而至。

我姐那时已经开始上班工作，中间只要妈妈不带我出门，其他时间我都很自由，阿龙偶尔为姐姐跑腿办事，因为我的殷勤，后来自动荣升成家中饮食的买办员，这种活儿我就做得很带劲，偶尔她也会使唤我为她去巷口买碗（自己要带碗）蚝仔面或是蚝仔煎；我二哥竟当仁不让，也会叫我帮他买梅子买冰块；妈妈也会叫我买烧饼油条之类的，但是这些事都不能超过三百米的区域，我才欣然出门当买办员，偶尔远一点也没关系，心情好嘛，我也都很乐意去做就是了。在此声明，阿龙还小，这些活儿可是得有个限量，东西要在我可提携的重量范围内，太重的阿龙可没那能力去做，我只能做些零碎小事而已，而较吃重的工作依然丢给二哥去做，彼此分工合作嘛。那时由于大哥不在家中常住，他不用跑脚；姐姐比较不喜出门，免役。但是很奇怪，为何每回听到买吃的东西时，我的小脚立刻就来劲了呢？嗯??由我身上就能看出何为“因材施教”，三百米之内与三里路之长，我宁愿跑着买东西而不愿坐着看电影，我选择辛苦的短跑，只因为知道自己的脚力只能走那么长，而这就是我有自知之明的好处。

姐姐后来有了许多女性朋友，因此看电影的差事可由朋友来取代，而我就可以摆脱苦海免陪在侧了。但是长大后，以往非要我跟姐姐出门看电影之类的小事，原本是属于强迫性，后来变成了惯性，姐姐竟变成我的“眼中钉”，只要她一出门，我马上就会问：“要去哪里？”在别人听来会觉很奇怪？怎么会有这样的妹妹？这就得问我妈了，自我妈那天规定看电影的规则开始，她已把我们姐妹俩拴在一起了，而我姐姐也非常习惯我这样问，如果我不问，还反而会让她若有所失呢！

还记得姐姐第一次参加圣诞舞会前，我正读初中，那天我由学校返家，姐姐请朋友上门恶补恰恰舞步，大老远的，我已听到恰恰的音乐声，加上“二三四”口语的教学，姐姐朋友一脚出一脚进的，以慢动作在教姐姐如何舞动，只见姐姐很努力地在学，我在旁边看了十分钟，闷死了，只看两个回合便已学会，不用说会听音乐跳什么舞了，我连跟着节拍转身的步伐都了如指掌。

于是我跑出去玩了会儿，二十分钟后回到家，我的天，姐姐竟然还在学跳那支曲子。

我也搞不清楚，为什么姐姐会如此不入心？或许她在这方面实在没天分，可是姐姐在其他方面的强项却是无人能及，她能无师自通，画出美丽的飞天女神图，又能写出一手漂亮的毛笔字，还有她忠厚的性格，与她交往的朋友都有长久性的（四十年以上）友谊，而这些都不足以证明我姐姐为人忠厚的特质。姐姐身上的优点很多，真的是众人眼中值得交往的好朋友。

以当“姐姐的身份”来说，今生她永远够资格称是我姐姐，几十年来，因为有她从旁给予帮助，让我感激腑内，此刻她若谦称排第二，我看也没人好意思排第一了。

在我读高中时，妈妈经常去佛堂，姐姐在上班之余，也随着妈妈到佛堂去当义工。与佛堂同修参加念经团，也参与轮班勤务打扫工作，而佛堂就是我们平时娱乐活动的空间。偶尔我也会跑到姐姐上班的地方找她玩，中午她会带我去吃蛋包饭或吃排骨面，不需添加任何小菜，就能让我吃得津津有味，我觉得那时好幸福哦。即使现在她再请我吃蛋包饭我也不拒绝，因为那是我记忆中最好吃的食物；然而现在她发明的拿手好菜蛋饺（素食）反而更加好吃，尤其她的辣炒辣（豆豉、菜脯加青红辣椒切碎），光是这道辣菜，就可以把树上的鸟儿给辣到地上来。老实说，吃辣的本事我没有，不过我可以派个代表出来，像Tina，她是个辣迷，每回吃了我姐炒的辣炒辣，都让她吃出胃痛来。

二〇〇一年九月，我们前往湖南张家界旅游，在境内金鞭溪入口处，正好看到红布上挂着“庆祝零陵县开发完成”，姐姐兴高采烈地告诉大家她在零陵县出生，仿佛自己回到了故乡一般。因为姐姐生于湖南零陵，因此她的名字叫春陵，据闻湖南人喜食辣味，若以地因来看也难怪她对辣椒情有独钟。

姐姐出生在战乱中，妈妈说她是在饥饿状态下生下姐姐。在那个战争年代，大家都在逃难与饥饿下求生，姐姐也不例外。当时父亲只有姐姐这么一个宝贝女儿，自然宠爱有加，因此曾与父亲相处过的姐姐，自从父亲远离她身边的那一刻起，她就收起了笑容，当她由香港移居到台北时，摆在她面前的是未知的命运，所以我小时候看姐姐的面孔，是少有笑容的，但小时候的我也不知笑容为何物，因为我们全部随着寡母在严肃中过日子。

但我与姐姐缘分是不断的，我读佛学院时她由台北南下来探望我，后来我也前往香港去探望她，我们之间的互动，对彼此来说算是重要的吧！或许如此，她对我的忍让也与日俱增。

之后，彼此都在忙碌中过生活，她把重心放在一双儿女身上，而我也把重心放在自己小孩身上，中间的时间只要可以，姐姐会带孩子来香港探望我们，而我也会带小孩回洛杉矶度假，听起来我们日子过得不坏，其实在这期间我们都有金钱拮据的时候，但是问题不大。我曾在一九七九年至一九八二年期间居住在美国，那时候我与姐姐住在一起，彼此也有个照应。

一九八〇年七月四日，我已怀孕七个月，清晨六点，体内的羊水突然破裂，这是我女儿飞霞早产的前奏，幸运的是有姐姐在旁看顾，她立即开车将我送进医院。医生认为小孩有早产迹象，照了超声波后，医生为了让仅有两磅重的胎儿在短时间内多获养分，立即在我身上插针注射葡萄糖，希望有足够养分让胎儿吸收。那天我就住进医院去安胎待产，当时连医生也无法肯定，我这个胎儿存活率会有多大。只扔下一句“stand by”让我心里有所准备，准备要接受失去胎儿的滋味。可是在当时，我心里很踏实，我并不认为胎儿会离我而去，我依然以欢喜心来迎接她的诞生。

经过这件事，才考虑到有时偶发事件，也会将一个人的命运转向。这世上是否冥冥中有着无法明言的因缘，这谁也算不到。而我女儿飞霞，于

大姐来佛光山看春龙

七月初提前出世，因为早产两个多月，她本当妹妹的身份，反而因早产，变成了一些人的姐姐。

因为我有姐姐在旁照顾，我也不怕多给她添加一些麻烦，生老三（吴义方）时，也是由姐姐将我送入院，那时我把姐姐的时间全给霸占了。

在美国居家生活，大家拼命赚钱养家，还房贷、车贷，全都像为银行打工似的，大家都在忙、忙、忙。姐姐也不例外，因为要接送孩子上下学，时间受到许多限制，姐姐只能选择缝纫车衣（有报税的哦）来帮补家用，这点我觉得姐姐很聪明。但是车衣的工作还是很辛苦，每天夜里就听到由车房内传来的嘎嘎声，姐姐不眠不休地工作，夜晚仅靠咖啡来提神。有一晚工作的时间太长，在睡眼蒙眬中不小心让缝衣针穿指而过，流了不少血，而她却忍痛随便把手指包扎了一下，咬着牙再把工作完成，因为第二天要在老板规定的时间内交货，把车衣送回工厂去。姐姐因为敬业，受伤的手指没有时间看医生，那根手指头拖了两个月才好。

有一天下午，我陪姐姐把缝好的车衣送到车衣厂去，姐姐拿到钱后，把一半的费用五十元放在我手上，我马上把钱退给她，我不能收下，只对姐姐说，等我小孩以后生病没钱时才向她借，但是姐姐那天还是请我吃了一顿可口的晚餐，看，这就是我姐姐。虽然姐姐对我不小气，而我这个当妹妹的就算心无大志，还是有些骨气的，我认为品德的重要性，远超过金钱，何况我们俩人皆各自有家庭要照顾，也知道生活是什么样儿，尤其在钱财方面，即使是亲姐妹也最好互不相欠，这样过日子才心安理得啊。

五十年来，我接受姐姐太多的恩惠。一路走来，无论我心情高低起伏，她都看在眼里，而我这个当妹妹的从小到大，除了妈妈，也只有这个姐姐才懂得把我放在她心里去疼爱，也只有姐姐会在我的人生道路上，紧紧牵着我的手。姐姐把达观放在我面前，给我希望，给我勇气，只要是我的事，她就不辞辛苦地揽上身去做，而且从不抱怨，真的是心甘情愿为我去做一切事，我只会在她身上看到无止境的承担，她从不让我对她多加操心。而实际上，她自己的人生路也不会比我好到哪里去，抱歉的是，我经常忽略了她的伤感，很多时候，我已自顾不暇地把她给遗忘了。

我真的很幸运，有姐姐在旁一直给我协助，让我抱着希望往前行；我知道很多人会羡慕我姐有我这样的妹妹，但请别羡慕得太早，因为当我姐姐非常辛苦，她摒弃许多享乐时光，在旁给予我大量的协助。知道吗？她在我背后当推手已超过五十年了，请问，这世上可以有几个五十年？

也有许多人认为我姐姐只是个名词而已，拜托！我姐姐的存在是很有分量的，她可不是占着一把椅子坐在那里的一个人，她是那个将幸福塞在我怀里的守护神啊！

今生我对姐姐的感激无法道尽，吴宇森经常心怀感恩地在姐姐面前说“谢谢”，但姐姐全没放在心上，她是个有智慧的人。如今她的一双儿女已长大成人，现在跟随吴宇森身边做事的 Tony（徐一鸣），毕业于南加州大学（USC）电影系，未来也具备当导演的潜质，而 Tony 的老实，赢得了大家对他的信赖。

如果说现在我真有那半壁江山可言，那么我会让姐姐与我一同分享那半壁江山的收获。如今姐姐的身份与我是均等的，当各位想到我姐姐时，请别忘记，她是我身后一位重量级的马达推手，往后我只希望在同起同坐中，让姐姐得到大家的肯定和爱戴，这才是我要感谢姐姐对我不离不弃的恩惠。

在我的感觉里，姐姐就是我今生的守护神，她的坚强与勇敢堪称生命的勇士，从她身上我看到一种女性的光辉，我自觉不够强悍，我喜欢看到比我更具勇气的人出现，因此姐姐永远是我心中生命的勇士。

第四章

我的儿女功课

上天给我最完满的数目，就是三。三个小孩，每一个，都有不同的个性存在，妈妈恨不得要把每段回忆，变成一首诗歌来吟唱。

妈妈的真情告白

有我这样的妈妈你们还满意吗？不管你们给我的答案是什么，不如让我先把我想说的话告诉你们，我爱你们，我的每一个孩子！

一二三，上天给我最完满的数目，就是小孩三个。你们每一个，有不同的个性存在，现在我已无力要求你们顺从我的意愿去做，因为立于民主社会嘛，即使我是总统，我也要听从一二三个民意代表的意见。

姐弟三个的童年时光

孩子，妈妈不能把每一段回忆变成一首诗歌来吟唱，我只能说，在回忆里有诉说不完的过往生活，很冗长很沉闷，但却是真实的。在你们身上，我所学的就是给你们当妈妈的功课，对我来说难不难？难，有部分难；易，有部分容易；但是这些都要分开来讲才行。

因为有你们的陪伴，减轻了我许多日子的寂寞，在你们给妈妈或难或易的功课外，我另外还有夫妻生活或难或易的功课要做，而我交出去的成绩，只能由上天来作证，妈妈已尽全力而为、尽心去做了，而分数，就交给你们来打好了。总体来说，你们给我的快乐还是居多的，那么我该说什么呢？在这里就让我对你们说声谢谢！是的，就是谢谢！

1

老二 Angeles（吴飞霞）因为早产的关系，让妈妈特别担心，当初才两磅九盎司的瘦小婴儿，在住院期间，每两三天我就要赶到特护病房去看你。望着你待在小小的保温箱里，看着你随意地伸展你那小手与小脚，我都替你感到高兴。

儿时的老二与老三

每回我到医院去探望，看着你频频打着呵欠又不断伸着懒腰，那时你虽然身在保温箱，却活在我心里，我的心里存有一块属于妹妹的记忆，谁也动不了；直到出院，你那瘦小的身体才四磅五盎司，但那已是五十二天以后的事了。其实只要一踏出子宫外，生命已握在你自己手中，由出生进特护房到出院，无论如何要感谢你勇于向生命挑战。你的确疼惜妈妈，并没弃我而去。当你两岁时，看到你会说话，身体也健康了，才让我放下心中大石。

有一天，你的小手突然捣在胸前说

胸口痛，我害怕地以为你有什么毛病，马上把你送到医院去照X光片，妈妈陪你在医院详细检查身体，也陪你在医院住了一天，第二天当医生说你没事，我才松了一口气，然后很高兴地带你回家。妈妈认为花钱事小，健康第一，那时只要你的身体健康，就等于买了我的安心。

一九八二年，我们返香港居住。有天早上，我刚送完Kim去上学，回到家来，突然听说你摔倒在地，头部大量出血，把我给吓一跳，匆匆赶往附近公立医院去与爸爸会合，看你到底怎么了。而我一踏入医院门口就远远地看到你的小身体，当时你背对着我，一片干了的血块还黏在头发上，爸爸正抱着你，任由医生用力扯开你的头发察看，虽然名义是检查，但我在旁看他一点都不懂疼惜小孩的样子，气就不打一处来，抱着你转身离去。

当时我心里在想，这已经是什么年代了，还有这样粗鲁又没爱心的医生存在？在那时，我宁愿花钱把你送往私立医院去就医，也不要看你哭泣难过的表情，宁愿花钱买安心。

半个钟头后，医生详细检查、细心缝针处理完毕，但是妈妈依然不放心，要求将你留院观察，看你有没有被摔成脑震荡的迹象，当然这个晚上陪你住院的又是妈妈，第二天等院方确定你没事，才抱着我的宝贝回家，现在可以让你知道，因为你受伤，我的内心着实难受了几天。

在电视的耳濡目染下，有一天，你穿上一件花色小泳装，顶着一头被我刚刚烫焦了的毛发，两手插在腰上，胖胖的身体左右扭动着说，你以后要选Miss Hongkong。那时候你才四岁，而你的想法，让我有新的启示，我在指引小孩心态方面，更步向平实。如今你已成年，我在你身上看不到骄傲，也没有攀比心，已知道你懂得用平实的心去过日子了，这样多好，这也算是妈妈的用心，把你们的思想升华了。如今看你懂得拓宽领域，去习西洋击剑及跆拳道，在北京获西洋击剑的冠军，在洛杉矶获得跆拳道的冠军、季军，表现不凡。目前身为击剑副教练的你，又在爸爸公司管理公司业务，看来日后你可以与爸爸成立一家AJ制片有限公司，将你体内的潜能激发出来，看，成长后的你，的确要比你四岁时的抉择明智得多。

小学五年级的时候，你在学习方面发愤图强，妈妈看了很感动，那时我心想，我已不须多说什么，你已可以靠自己做明智的选择，已可展翅而飞。因此你上大学时，我只在前两年，接送你上下学，你一直觉得过意不去，其实你不须觉得不好意思，那种小事是我乐意去做的。当你转往外地去读书时，我想那些琐事应该一点也难不倒你，我对你是全盘的信任，因此我也不须陪你到校去为你安排住宿等问题，我认为你已独立到可以把眼光调适到最好的地方，于是放手让你去处理。

老大老二去探班，与父亲和汤姆·克鲁斯合影

其实在校生若有任何急事发生，校方自会出面处理，而且食宿已包括在学费里，你只需专心读书就好。但我依然不放心，只因为妈妈担心远在外地的孩子，因病而急需的费用……如今想来，爱心拎得愈高摔得愈重。如果妈妈用心良苦，反而变成不当的苦楚，这中间的对与错，都是希望能给你大步成长的机会，也让我从中学习着如何面对自我，而对于你的未来，我已无法明视。孩子，我想，你不会不懂妈妈的意思，即使我的心曾由顶峰摔至谷底过，我也学着火凤凰般浴火重生，我依然会耐心等待，当你认为外面世界很大，妈妈的爱心比世界更大，有一天你终会了解。

你有追求的权利，但请把眼光放长远，很多事都需要花时间去去多了解、沟通，多听闻是好的，这样才不会失去准确性。击剑、跆拳道、编剧、拍电影、家庭设计、烹饪、打理公司业务等等，你比妈妈才艺还要多，嗯！真不错哦！连姐姐 Kim 都甘拜下风说自己的妹妹太能干了，我却私心窃喜着，认为这样很好，在独立之余，理应充实自己的实力。别急，慢慢来，时间是属于你的，我认为你在不一样的工作环境下，最终会找到自己的理想。

至于我为何会在旁私心窃喜呢？你看，妈妈在年轻时不懂及时展露实力，原本该有的空间，却空白了。妈妈重新审视自我缺失的岁月，发现过去的也就算了，我只鼓励自己的孩子，乘年轻时好好加强实力把握机会，把妈妈失去的那份也争取回来。或许你会问，妈妈，为何你自己就不去试着争取呢？女儿啊，我原本就是个没野心的人啊，如今我只是想让轻视的人知道，我也有抗争的权利。那以后呢？嗯！我也不知道，请问，可否让妈妈借用你的勇气，让我们互相在扶持下往前行呢?!

你可知道我为什么在写子女缘的部分，以你为优先呢？

第一，我要对身为老二的女儿说，妈妈对你的爱，绝对不会因为生了弟弟而被分薄。小时候的你，有多可爱你知道吗？每回看你又可爱又不爱笑时，我都会想让你笑一笑会有那么难吗？妈妈扮鬼脸、扮小丑百般地跟你玩，为的只想让你开怀地笑笑而已，可是你却像个老大板着面孔看着我，即使是现在，我依然没有放弃想让你常笑的意念。请问你内心的悲哀难道还会比我更多吗？如果有，就别介意说出来，让我来听听，是谁让我女儿这么忧愁？难道会是我吗？

第二，我要打破一般人的看法，不要以为所有身为老二的人，都会被妈妈忽视。我从来没有忽视过你，即使我那时手上抱着弟弟，我的眼睛总是绕着你身上转。或许你会问为何我不多抱抱你，如果时间真的可以倒流的话，现在我愿意每天抱着你，亲你一千回，让我女儿内心装满妈妈丰盛的爱，这样好不好？但是女儿，如今时间是硬生生地卡在这里，就是现在，我极需要一根引线，一根爱的引管，妈妈非常愿意花时间把你干涸的心田灌溉得满满的，女儿你说这样可好？如果我的建议不错，请别忘了要常和妈妈讲话沟通哦！

老二与父亲

以你的聪明，当然能懂妈妈的话，但是我们不妨把聪明收起来，聪明只不过是一种短暂的浅视并不值一用。女儿，请打开你智慧的心门，用心智来看世界，不妨用智能来关爱妈妈多一些（我有点贪心了），然后用你的智慧去包容未来的前程，让你的路走得更长远、更稳，这样岂不更好？

你身上的优点很多，看着你的艺术照相片，自然的脸，十足的明星气派，美丽是天生的；而你身上的潜质也是天生的，你曾在三年内拍出两部短片，这样的成绩源于你自己的实力，我在欣喜之余也为你加油。

目前你在工作之余，渐把重心放在编导上，你的时间已被外务占满了，我也不好打扰你，我只能说，请再多加把劲去做，或许有一天你也会拍出一部比《英雄本色》更好的电影，到那时你的潜能将会让世人看到，你随时会看见爸爸与妈妈，坐在台下为你鼓掌加油。

但是，请注意我这里用的“但是”，如果有一天你放弃影界的事业，“那会更好”，因为我们就不用担心你在波涛汹涌的大海中受到无情的撞击。你曾在爸爸身边，学习着他拍摄电影的风格，在学习中，你当然了解当导演的路是漫长的，在影视圈中做事，那得要多强的意志力才能完成使命啊？

请问，在拍完《赤壁》的爸爸身上，你感觉到了什么？是外在的功成名就吗？是丰功伟业加身吗？其实在人言可畏下，压力是存于实力之前的。如果你已准备好了的话，别忘了成功与失败是并存的一条路，在成败中你就是要不断承受外在善恶的评判，你准备好了吗？你真的已准备好了吗？

妈妈说了那么多，太啰唆了，老实说那些都不重要，最重要的是你如何保持心境的平衡，是的，就是平衡。妈妈无力陪你走你选择的路，但可否接受道德经中一句“宠辱不惊，贵大患若身”，让自己保持心境的平和，千万把自己活得像“不倒翁”才好啊，妈妈会在此解释其中之意给你听：

“宠”——外面人给予额外的赐予，只有褒奖，一面倒的甜言蜜语。

“辱”——屈辱到无地自容，尊严被撕裂，会让人心痛。

宠，是太好，等失去时，会感到震惊；辱，是太坏，等面对时，也会感到震惊。

孩子，在以后的日子里，总有一天，会遇到令你惊喜与荣耀的时候，届时请勿大喜，一笑置之就好；若有一天，批评纷至时，也不要难过，先把情绪稳住了，别惊慌，把精神能量定住，莫让其流失。因为在极喜与极悲时都会伤害身体，请多保重，看到你伤心，也等于间接让妈妈伤心。

电影圈很现实并且转变迅速，你将如何坚持去面对？当你站在极度现实的层面上，定会碰到宠辱极端的世界，在名利道上，这种“宠辱与喜怒”是同时挂钩的，妈妈请你做好心理准备，千万记住了“宠辱莫惊”的名箴。

女儿，其实我想对你说的话何止这些，在这里浅谈即止就好。别忘记，妈妈爱你的心是永无止境的，你在我心里永远是那个可爱的小天使Angeles，当你展翅飞翔时，无论在任何情形下，妈妈将永远与你同行！

2

生了两个女儿之后，又生了一个儿子，按照我的说法是，三个刚刚好。如意算盘我不懂也不会，但有三个小孩在我身边，我是绝对欢迎。

“义方”，这是张彻导演为你起的名字，你看，叫起来多与众不同啊，日后每当有人叫你义方时，请别忘记替你起名字的人，他是爸爸与妈妈熟悉又尊敬的人。

全家人参加老三的幼稚园毕业典礼

叫你弟弟，那是属于妈妈的专利，名字并不取决于你年岁身份的大小，只是代表你在亲人心中的地位，弟弟与妹妹一样，同时在妈妈心中像个月亮，嗯！没错，还是我心中大而圆的月亮。咦，难道天上会有两个月亮吗？不，当然不会，在天上只有一个月亮，然而在妈妈心中却可以有（你们）三个月亮。或许你会问，那爸爸呢？哦，你难道忘了吗？妈妈早已说了，爸爸是妈妈心目中的男子汉。

今生你们的存在，若以出生率来说三个刚刚好，若以家庭人口来说，现在客满了，四个塞在我心中早已足够！

感谢你，儿子，在千挑万选里，选择我来当你妈妈，你应当看到我对你与姐姐们无悔的付出，对于你，我不需要担心太多，因为你已经知道以姐姐的规范为规范。你是幸福的，你参与了姐姐所有的生活空间，她们的秘密等于是你的秘密，你知道了也不会告诉我的吧，不过没关系，你知道就好了。

老三在妈妈怀中

我比较喜欢你的个性，不炫耀、不攀比，平时总是随遇而安。愤怒青年的形象不曾在你身上出现过，你多数时间用满面笑容来应对妈妈的急躁。聪明的你，早在姐姐身上看到端倪，不想挨骂，就要有闪躲的好功夫，这就是所谓“知母莫若子”，无形中减少了妈妈想要对你怒斥的想法，应付妈妈，你这一招还是蛮管用的，因此每当有朋友问到儿子时，我只会说“还可以啦”，算是满意的答复。

读书方面你不会让我多操心，然而为了减少不必要的麻烦，在学校，你总以低姿态出现，说爸爸的职业是个验尸官，想来也是没办法的事；这也是你为自己的设想，一个答案丢了出去，即使有人再追问，你也不会多说什么，总是笑笑就打发过去了。

以前在香港上学时，你们搭校车的接载方式比较让我担心，因为校方并没有设立专人护卫，身为家长的我们一定要准时接送才行。

清晨上学，为了保证你们按时去学校上课，通常妈妈会早到十分钟等着校车来；而当你们放学时，我就比较轻松，有时会稍晚到一点，直到有一次因为我的迟到，让你们淋了点雨，至今我仍记得那时的情景。当我开

可爱的少年义方

车在公主道桥上，突然天上飘起细雨，看着车窗上的雨点，刹那间我竟感觉心慌起来，心里空荡荡的像魂魄离了位，当时我真希望立即张开双臂，用我的身体为你们遮挡风雨，可惜妈妈不是神仙也没有三头六臂，车子只能延着坡路往九龙塘窝打老道开去，当时的距离很近，我却感觉离你们很远？我唯一能做的就是多踩几下油门往前冲，当我看到你们站在别人门檐下避雨时，这才定下心来。从那之后，妈妈永不迟到地在那等你们放学，为的是希望你们一下车，就能马上看到我，远离风雨的威胁。

儿子，为何你的个性那么阳光、那么柔顺，让我觉得不可思议。你喜欢的是动物园的动物，你喜欢的是海族馆的鱼类，又那么偏爱大地的绿，只要是绿色的东西都让你有不舍的喜爱，因此你的生活用品几乎被绿色包围。

老三探班时与父亲合影

可记得上回你是何时去的动物园呢？我记得你那年到澳大利亚悉尼来探班，爸爸在悉尼拍摄《谍中谍》。有一天你口中那个当验尸官的爸爸，陪你到动物园去游玩了大半天，结果在你的相机里，照回来的是一大堆在草丛中不知名的小动物，父子俩人合照的相片却不超过五张。

澳洲悉尼，让我难忘的并不是那个有名的大剧院、铁桥及晴朗的天气，而是你出血的耳朵。因为你耳朵发炎的问题，妈妈陪着你去找当地最权威的耳科就诊，结果折腾了一大圈，最后又转回到你来的地方——洛杉矶——找到了全世界闻名的耳科权威医院。之后进出耳科医院四次，也就是说你用了三年的时间，动了四次手术，才挽救了几尽丧失的听觉，如今你的听力恢复正常，这不仅是我的安慰也是你的幸运。

我现在才知道当耳科医生真不容易，因为耳科是很精细的一个门类。为每个听力失常的人动手术，首先都要打开耳部后骨，医生才能看到病情所在，至于说到复杂的部分，就得请教医生了，而这种手术需要很小心地避开面部神经部位，才能保存病患的笑容，总之没有相当的实力，就无法列于权威的行列。权威就是权威，威廉斯列特瑞医生的优良技术不仅拯救了你的听力，也让你的笑容如常，这是我最感激医生妙手回春之处。

儿子，人的器官中，耳朵占有很重要的位置，你身体最不健康的是你的右耳，尤其游泳后，你会因右耳积水的问题，诱发中耳炎；每次看了医生，都是靠消炎药解决，我当时就以为没事了，那时妈妈也没放在心上。其实不然，后来发觉你的听力逐渐减弱，妈妈也不知如何是好，即使要找专科也需要经多方的介绍，但依然没有找到，于是你耳朵的问题就被搁置了，如今想来这是妈妈的疏忽。

至于为何你动了四次手术，主要是医生每次打开你的耳朵，将你耳内脓水先清理干净，认为痊愈后应该没事，听力自动会恢复正常，但每回经医生复诊后，手术效果不彰，而你的听觉依然没有进步；因此到第四次开刀时才决定在你耳内装一根小管，这才解决了你听觉的问题，至于是否彻底解决了，那是个未知数，以后就要看你如何维护自己的耳朵了。

每当你由手术室出来时，你那半边脸肿得就像猪脸一样的大，经过四次手术，你就有了扮演四次猪脸的机会，短暂的肉体痛苦总是难免的，但曾有的痛依然叫痛，是需要时间来化解的。儿子，别忘了听力的重要性，以后的你，要学会保护自己的耳朵，要小心谨慎地加以维护啊！

妈妈是个普通人，处于社会大学，并无享受特权的机会，而我只能让你生活得像常人，让你在一般环境中去成长，希望你明白，不得意、不虚荣、不自满的好处，这就是抱持“谦虚”的优点。

不尊重自己的老师，不珍惜自己的借鉴，即使有智慧也是不明真理的笨人，这是奥妙之所在。

义方高中时与父母合影

你有颗柔软的爱心，当你处于不同阶层的尔虞我诈时，你不争先的特质，在拿捏上仍须多加学习，力度不够，自己就会受伤。别忘了，妈妈既不愿看到别人受伤也不愿看到自己小孩受伤，妈妈想到这里，难免要为身为儿女的暗自操心，对于我心中的儿女，也不知要捧着好还是含着好。

而对于儿子的善良，只能借用“道德经”第二十七章给你鼓励：

故善人者，不善人之师。不善人者，善人之资。不贵其师，不爱其资，虽智大迷，是谓要妙。

全文大意——

善良之人是不善良人的老师；而不善之人是善人借鉴的对象；不尊重自己的老师，不珍惜自己的借鉴，即使有智慧也是不明真理的笨人，这是奥妙之所在。

儿子，我希望善良之火由你来点燃，用你爱的力量带动善良种子，栽到世界的每个角落，让这个世界看来更美丽，更灿烂，别忘了自己的心也是自己的世界哦！加油，义方！

3

身为老大的你，一直想看我写的文章，我知道，你已经等了很久了，只可惜目前没人想将其译成英文；这只能怪妈妈没让你们好好将中文学会，不过没关系，请耐心再多等待，文字与语言都是相通的，有一天当妈妈把文章写得更精练时，自然会有人将我写的文字全译成英文出书，你那时就能读到我的心声了。

妈妈所写的每本书，皆来自你们的鼓舞，因为你们，我用文字把讯息表达出来，当你看到我善于利用时间时，可别忘了，你也要多加用功哦！时间是来用的，不是拿来浪费的，安心地把硕士学位念完，算是你给妈妈最好的礼物，妈妈也会将书送到你手里，让妈妈的文意伴你终生。

那年你五岁，我们开始考虑你上小学的问题，想送你进英国小学就读。在考试时，你害羞得不肯面对考官说任何话，因此踏出教室门外，第一轮就被淘汰了；事后你湿着双眼对爸爸说，你其实是会说英语的，当你说出这样的话时，让我们都难过得不得了。但是没关系，那仅是你面对的第一个挫折，后来你进入了香港国际学校就读，然后回到美国上大学；毕业时，就是以“英国文学”学士毕业，漂亮的你已面对了所有的挑战，你已为自己打了一场胜仗。

如今你不仅英语说得字正腔圆，而且文章也写得分外的好，连教授都不相信；此外，你的国语也说得相当流利，与父母沟通绝对没有问题，这些都是你聪明之处，曾经的挫折并不算什么。

儿时很像混血的老大

在学习方面，我从来不给你压力，完全让你自由发挥，教授经常会被你写的文章感动，并会问你这些内容都是你写的吗？你总是大方地告诉人家，你是从妈妈那里听到很多很深的哲理，才能把文章写出来。女儿，其实应该说是你自己用细腻的文笔描绘出来的，我只不过是说些皮毛而已，毫无可居功之处。可是每当听你这样告诉我时，我第一个反应反而是要“谢谢你”，谢谢你不嫌弃我的唠叨、谢谢你对我的信任，并愿意花时间与妈妈谈话。而外面很多小孩是不肯这么做的，因为每个小孩都想远离妈妈的啰唆，只会找借口说自己很忙，而你没有这样做。而我们之间的谈话皆是在你开车时，在旁为你做短暂的启示而已，我抱着只要你肯问，我就愿意把我知道的告诉你的心态；最难得的是妈妈说的每一句话你都听进去了，难得你有这份耐心与我交谈，对我来说，这也算是一种母女温馨沟通的方式。

也不知怎么的，我曾听许多朋友说，她们与她们的妈妈讲话时，都是讲着讲着就不欢而散，嗯！你和我好像也会有这种情况发生，但是聪明的你，每回总会在我冷下三秒内发现情况不妙，立即向妈妈道歉，将气氛补救良好。其实人在一起难免思想各异，我很高兴你肯这样做、这样对我，你只是想让妈妈占点上风而已。而我也考虑到，理不该让女儿为难才对，往后得更加自我警惕，看来这点我又得改进了。

儿女的细心体贴是妈妈今生最大的收获，几年前你送我到医院去做肠镜检查，用了你一天的时间等待与接送，那天我心里感觉很舒服，原来有女儿双臂可靠的扶持，感觉真好。我当然希望每一个小孩都能像你一样，知道回馈心中的爱给妈妈，而我呢永远是在等待中不嫌少也不嫌迟，妈妈相信妹妹与弟弟会以你为榜样，让我在幼时失去的爱，再从你们身上得回来，嗯！在爱心这方面我贪心了。

父母将老大、老二抱在怀中

当年你与爸爸在同一公司上班时，我只要求你一件事，就是希望你从基层做起，所谓的基层，就是“贵以贱为本，高以下为基”。无论是打扫地面、倒咖啡、洗碗碟等，都要不厌其烦地做。三年后，当我看到你的双手，不知是否清洁剂使用过度，那原本肉肉的美丽小手变了形，手上皮质有些脱落，我于心不忍地问你，为何不带手套洗东西，而你却说没事儿，语气潇洒又不埋怨，令我听了却很难过，反而要你赶紧去看皮肤科才觉安心。

有一天又突然听你说，要回学校去读硕士。要回学校读书当然很好，我心里高兴得要命，但是又马上对你说，读完硕士就可以了，别再去读博士。而你听了立刻笑出声来，你笑我是少有的中国妈妈。通常中国妈妈总是想要小孩拿到博士学位才高兴，我的想法可不一样，我不要你读得那么辛苦，有硕士学位就可以了。

我很高兴你能选择以当老师为职业，我觉得这是个蛮适合你个性的工作，别忘记，教育英才需要有特别的耐性。在这两年，我发觉你已步入成熟阶段，我也信任你的选择，可别忘记，有时间要把你如何走向教育路程的心得写出来，与大家分享也让妈妈有机会去了解你选择的路。

我认为自己的小孩都非常棒，感谢你身为我女儿，也感谢你替我在旁照顾着弟弟与妹妹，多年来身为姐姐的你，会感觉疲累吗？你经常对我说，你喜欢自己的弟弟、妹妹，称赞他们的聪明，夸奖弟弟妹妹的优点，我听了很高兴。你曾对我说你会担心弟弟与妹妹不懂妈妈的心，如今三个小孩都已长大，却让我感觉有三分天下的局面，因为对你们的力不从心，最脆弱的反而是妈妈。

如今看弟弟与妹妹对我很尊敬，全靠你这个当姐姐的带领是头头是道。在成长的日子里，大家也真是少有过失，当姐姐的压力不小吧；当女儿的你相信压力更不小。日后妈妈尝试不给你压力，一切放轻松点，身心可要常保健康，不要让我来担心你才好。

在《道德经》中有句话的意思是“人处于得意之时，莫忘回头”，妈妈喜欢这一段话，里面做人的方针写得多实在，这十一个字的妙用，是会让你愉悦地生活于未来。——现今写出来与你共勉：

果而勿矜，果而勿骄，果而勿伐，果而勿强。

全文大意——

战胜而不自满，战胜而不自骄，战胜而不自豪，胜了适可而止，切忌继续逞强。

这是妈妈喜欢你们为人的态度，如果不幸半途遇到挫折，就当作是一种考验，没什么了不起的，跌倒了要立即爬起来，再观瞻前景，只要时时保持“诚而不骄”，这样就可保有人生平安的路！别忘了，你们的平安也是妈妈的平安。

第五章

我的朋友们

我认为自己是个学生而已，当我走在人生这条路上，无论曾经对错，我已获得许多人的包容与宽爱，自认此生无憾，让我心生感恩。我乐见每位朋友稳走当下的路，请保重。

1　邵晓铃

她把生命化成奋战的史迹，她把大爱集结于一身，她把自己的生命化成蚕丝，送给大地一个干净又值得留恋的新天地，她是台中市长胡志强的太太邵晓铃。

在濒临生死的艰难时刻，我们在邵晓铃身上看到了勇敢。她那份勇于面对的精神，深深植根于我们心中。邵晓铃已成为大家学习的好对象。

当她受了重伤，千万人抛除界限散发大爱为她祈祷，祈求死神放松双手，让她生命回归。那时最期待晓铃死而复生的人，是她挚爱的丈夫志强先生。晓铃终究是舍不得抛下这个世界，她回来了。如今志强兄以最真挚的热爱，去温暖她曾冷却的心。当她被志强先生拥护着面对媒体时，人们被感动了。她以笑容告知所有人，她用勇士的光芒重新点燃了生命之火。一时之间，晓铃成为台湾之宝。

当时担忧的有她的宝贝女儿婷婷、儿子丁丁，还有我们。婷婷和丁丁因为妈妈的事，变得比以前更加成熟与坚强。因为这件事，晓铃对子女的爱已悄悄深入婷婷的心里去，我想，经过此事，以后婷婷和丁丁会常留在妈妈身边陪伴她。

晓铃温柔的个性，是拴住志强哥哥的万年情丝。而来自她的丝，还可以分成好几支，其中一条当然是子女；另一条是朋友，她的朋友满天下，我就是她其中的一个。

2006 年的秋天，晓铃自旧金山飞来洛杉矶，康姐接机，我们齐在我姐姐家会面，畅谈甚欢，乖巧的婷婷陪着晓铃一起来，母女两人皆是美女，让我们羡慕不已。

志强兄曾在书中透露，对于女儿当演员这条路是没得“救”了。其实志强兄与宇森两人都是一样的，他们只要面对女儿，经常会把想说的话，“咕噜”一声地吞下肚，全部弃械投降，只会用满面笑容来应对，哪敢有“说服”的想法？我看是连“救”的机会都没有了，我们在婷婷身上看到她得体的礼仪进退，全是来自晓铃妹妹的教导，其实志强兄是很为婷婷感到骄傲的，光是这点就可叫当爸爸的引以为傲好半天了。

当时车祸消息传来，我感到万分惊愕，心想怎么会是这样？怎么会是这样？一时难以接受，情不自禁地流下眼泪，当时我与宇森身在洛杉矶，没有渠道可联络到有关亲属，可想而知大家的心情都是乱糟糟的；晓铃在急救中，我们每天只能由新闻得知最新消息，了解晓铃每天病情的进展。直到她病情稳定，记忆恢复时，我们才得知可爱的台湾民众对晓铃的关爱。不同宗教团体日夜为她祈福，不分省籍分歧、不分蓝绿各派，还有众多外地朋友都为她的康复祈祷。这种深厚情谊，令人备感温馨。

随着时间飞逝，如今看她打开心胸，接受常人难以面对的改变，她的释怀、她的笑容，让我们看了更加感动，因而在我们眼中的晓铃，更加美丽。晓铃英勇的奋战精神，是值得众人给予这样的爱戴的，她堪称众人心中英勇的生命战士，很值得大家借鉴学习。

2　张国荣与梅艳芳

在我手上有一张与张国荣、梅艳芳合照的相片，是一九八六年我参加高中同学会时，那晚张国荣也在同一家餐厅进食，因而我有幸与他们合影。如今每当我看着这张相片时，我的内心都不胜唏嘘，面对他们英年早逝的命运我无言以对！

桃花仍在，斯人已去

我只有两次机会与梅艳芳近距离接触：第一次是一九八六年在台北一起合照这次，那时她为了要配合自己唱的主题曲“妖女”，必须以浓妆示人；第二次是在一九九八年何冠昌先生的丧礼上，没想到梅艳芳的素颜非常清秀，她长得就像邻家小女孩一样，秀丽、沉静，让我忍不住地多看她两眼。其实她的成名并不容易，演艺圈是个大千世界，梅艳芳不仅靠着她那低沉的嗓音唱出自己的韵味，还在稳健的台风下，努力钻研巧妙的舞技，吸引众人的目光，逐步迈向成功之道。她那能歌善舞的魅力，至目前为止，真是无人能步其后尘。

张国荣自拍了吴宇森的《英雄本色》后，名气直线上升，意气风发走红于歌影两栖。毋庸置疑，在此之前，他在歌坛上的表现已非常出色，尤其他那浑厚低沉的嗓音把《风继续吹》唱出了原汁原味，即使后来者，也无人可取代那慵懒拖沓的转音韵味，我认为张国荣唱的每首歌都具有张氏风味，他的快歌唱来让听众痴迷地闻歌起舞，慢歌听来则充满十分的幽怨。

1988 年，张国荣演唱会上的风采

自一九八六年至一九九二年间，我们与张国荣的互动关系相当良好。也或许成名是要付出代价的，他露面的机会愈来愈少；因此当他在红勘体育馆举办演唱会，我们欣然前往捧场。

住在香港后期那几年（一九八七年至一九九一年），最让我怀念的是与他共享晚餐的时刻。心细的张国荣，每次都要与我们小孩一起共聚，我家三个宝贝也很配合，永远安静地坐在一旁不吭声，也不打扰。因此张国荣经常称赞我们小孩乖巧，当然尚方、飞霞、义方，他们必也难以忘怀吧。

1994 年，张国荣与老二在美国合影

我们经常从旁听他诉说自己的计划，冬天嘛以唱慢歌为主，夏天就选择唱轻快的曲子，让听众舒爽。为了满足歌迷的听觉，为了促进唱片的销量，必须精心策划。每次张国荣谈未来走向时，他总要问吴宇森意见，然后才综合自己的理念去筹划，在谈话中我们知悉他对自己早已有妥当的安排。张国荣在俏皮中情绪是有所隐藏的，他其实很有个人原则，不会因任何原因轻易改变，或许我们身上有他想要的精神能量，时间在倾谈中流逝，每于饭后，就会见他容光焕发地离去。其实我们六个人聚在一起吃饭是其次，我想张国荣享受的是全家快乐相聚的气息。只要有空我们常在海运大厦香港酒店的六楼聚会，几年下来已数不清我们相聚的次数，我想那是他人生中顺心又愉快的记忆时段。虽然吴宇森无法为张国荣规划未来，却可以对他的理念与做法予以支持。因此当年张国荣说他的演唱会将要封话筒时，我们赶到红勘体育馆去看他的演唱会，就是对他大力的支持。

现今的海运大厦早已拓建，但在一九九一年以前，海运大厦香港酒店那里，有属于我们的快乐相聚时光。

一九九一年张国荣决定移居加拿大归隐，我真的认为他会永远居住在那里变老变寓公。但是人的思想会改变，在不熟悉的城市居住，不仅郁闷还会有许多的不习惯，当他将视野放宽后，原本挥别歌坛的张国荣，在深思熟虑下，改变了自己的方向，又毅然转回香港居住。

《霸王别姬》是他由加拿大返回香港后，立于影坛的首部影片，他在霸王别姬中饰演男扮女装的青衣花旦，把楚楚可怜的花旦角色，演得丝丝入扣，观众那时才发觉，原来张国荣真的是会演戏的，他因此片，成功转型。

一九九四年此片引领影界风骚，获得奥斯卡外语片最佳影片提名，由陈凯歌率领《霸王别姬》精英演员团队前来洛杉矶。当我们接到张国荣的电话时，他人已在南加州，入住在奥斯卡大会安排的演员住宿酒店；仍像以往一样，我们一家五口又到酒店那里与他会合，在人声鼎沸的酒店大堂内，挤满了影视界、媒体人士，大家都忙得不亦乐乎，我们站在热闹的大堂餐厅，碰到某媒体工作人员，向我们抱怨当天无法如愿采访到张国荣。我看了看时间，两天前才由香港飞到洛杉矶来，人家仍需要休息呢，光是时差就还没倒过来，哪有精神清早起床啊？即使是造访，我们也都是选择下午时分才敢去打扰探望他。

当时就读高中的尚方被张国荣抱在怀里，只听张哥哥嘴里说："你好大哦！"其实张国荣太客气了，因为他不敢说尚方胖，只能说大；我在旁边听了都觉得好笑，而现在懂事的尚方，为了自己健康着想，全力做运动，极力消灭体内脂肪，当时与张国荣合照的那张相片，只能给自己人看看就算了。当张国荣转头看到读初中的飞霞与义方，嘴里又直说弟弟与妹妹已长得好高大，都快不认得了。自一九九一年至一九九四年，我们六个人分开已近四年，却在洛杉矶又

1994 年兄妹再见

相聚。多年没见，我们很珍惜这难得的聚会机会，看着他充满信心、听着他开开心心地谈论自己未来动态的发展，不可否认，那天张国荣的脸上充满了欢悦的笑容，他真的很高兴。

下午三点多，风和日丽的南加州，送给张国荣一个“惊喜”，绝对属于本地的特产——地震，3.7级的余震。张国荣看着我紧张的表情，紧紧地抓着我与宇森的手不放，直到十秒余震消失，他才松开双手，我们也松了一口气，而这个地震，是属于我们最后相聚的记忆！

我眼中的张国荣绝对是凭着个人毅力前进的人，他费力拔开外界对他的褒贬之词，也不理外界对他虚实的报道，他是一个阶梯一个阶梯往上爬的好汉。

与张国荣再聚首

二〇〇三年的四月一日，张国荣抱着受伤的心情，决定处置一切。他把辉煌成绩留下，将一摊热血与未完成的事业，留给最了解他的经纪人陈淑芬，瞬间离开人世，在大家的一片愕然声中，他以《沉默是金》这首歌，作为对自己最完美的注解。

那年吴宇森正在温哥华赶拍《记忆裂痕》，当他得知消息后，难过得流下眼泪，整晚无法安眠，而大家对他的怀念犹如我对他的心声一样：人生就像一场梦，萧飒风声如秋雨！

3 姜大卫 李琳琳夫妇

一九九七年的前十年，当时，除了张国荣移民温哥华之外，还有许多知名人士，早已由香港移居至此，我们在温哥华拍摄《记忆裂痕》时，曾在该地市中心住了数月之久。

我们在温哥华拍戏的那一年，接触机会较多的是姜大卫、李琳琳夫妇，已有两女一子的姜大卫仍在香港电视剧中演出，经常见他港加两头跑，姜大卫的妻子李琳琳，在七〇年代是红极一时的青春玉女，婚后随即息影。如今心如止水的李琳琳，带着小儿子归隐温哥华，她的生活简单又分配得宜，儿子是她生活的重心，偶尔她会参与当地佛光山的大型活动，台风稳健、中英文俱佳的李琳琳成为最佳主持人的不二人选。

李琳琳经常与施盈盈、恬妮与张毅老婆高太（外号）等四人有短暂午茶牌局，对她们来说，那几小时的玩牌聚会，则是旁人“饭后一根烟，赛过活神仙”的减压方式。然而“四人帮”的聚会只有几小时而已，只要晚餐时间一到，她们会各自返回家中与家人共聚，这是她们移居温哥华最充实的养生之道。看到她们如此恬静的生活，非常自律，我也为她们感到高兴。因此姜大卫完全不须担心李琳琳的居家生活，反而是姜大卫得先负责把自己照顾好。又过几年他们一家又返港居住，过上了另一种充实又完满的人生。

责任心重的姜大卫与吴宇森两人具有同样的特质，谈起天来万分保留，他们相识已超过三十五年，但他们相聚在一起可不会喧声满室，而是俩人你一句讲完后，就没声音好半天，然后再他一句话抛出来，也好半天没声音，停在空中的经常是静止的回忆，彼此都不邀功，但是他们两人在一起，就会给人有哥俩好的感觉，我认为，人生已难得有如此相敬如宾的好朋友了。

4 朋友四五人

一九八九年期间，姜大卫、李修贤、吴宇森三人，曾合作拍摄电影《义胆群英》，其中有许多演员曾是张彻导演御用过的，因名单冗长在此就不一一赘述了，最后周星驰也列入名单中，算是新进青年。这全是身为弟子们，献给张彻导演的晚年礼物，而张彻导演也送给每人一块“义”牌作为回馈，可知“义”字在张彻导演心中是扎了根，因此他将“义方”（教子以义方）两字送给我儿为名，也不是没有道理。

吴宇森当年曾做过张彻导演身边的副导演；姜大卫曾是张导演身边的演员爱将；李修贤虽是后进之秀，但据闻在张导演逝世前最照顾他的却是李修贤。在此仅以此三人来拍摄《义胆群英》为代表之说。

李修贤是个有抱负的青年才俊，随姜大卫等人移民，他也携妻女移居温哥华，他屏除演员身份，已经演而优则导多年，生活算是平实。我们在温哥华与李修贤仅是一次短暂的碰面，多年来他际遇虽平，但仍微笑地细语长谈自己的未来计划，未见气馁，仍雄心勃勃地在等待时机展现抱负，未来只要时机成熟，就可以看到他展现傲人的成绩。

如果没有“施盈盈”的专栏，也就没有了温哥华那一鳞半爪的讯息。与先生移民温哥华，她以半退休的方式，空时才在副刊写些有关温哥华的小道消息。施盈盈的生活悠闲又自在，她把悠闲当工作，一双子女长年在外工作，然而岁月似乎不曾削减施盈盈的美丽，她那俏丽的容颜配着齐耳的短发，没有人可以看出她真实的年龄，年岁其实已不重要了，我喜欢看她那双柔情似水的双眼，以及属于她的“台侬软语”。

坊间传闻，与恬妮共同进退的先生岳华，只有一张进入温哥华的机票，就此一张进入的机会；只要他一飞离温哥华，就等于自己剪断握在恬妮手中那根风筝的线，意思是说甭再回来相聚了。而岳华的故事，已广为温哥华朋友圈调侃，可是大方的岳华并不会因坊中传闻而多做解释，他只看中恬妮为他洗尽铅华的恩情，心中感谢娇妻为他息影归家，而他也为她放下香港影坛的事业，随恬妮踏入温哥华，一切重新开始，往迹随风而逝。

今日的岳华，俊容依在，但是他稀落的头发，已告知世人他的年岁，他心无旁骛地每日在电台按时上下班，全心全意在温哥华扎了根；拜手机之赐，三两个钟头内必对妻子报备行踪，以达彼此协议书中其中的一条。如今即使有人送给他一张或十张免费出境的机票，他也会马上拒绝，除非恬妮首肯，夫妻之道，主要在于两人相互协议、沟通，外人无权过问。

在岳华心中，恬妮是一道天际的彩虹，当然重要，但是他们俩人的宝贝女儿，却是心中的太阳更显重要。小嘟在他们两人分分离离的阶段，扮演很关键性的角色，乖顺的小嘟宝，如愿在父母双全的爱护下读完大学，如今已婚的嘟宝，她选择了平实的幸福，留给父母的则是无边的相互依靠。

恬妮，当她决定把繁华名声抛诸脑后，就确定了在温哥华长居的打算，她的聪颖无人能敌。茹素多年的恬妮，精进用功，她除了与李琳琳四人的约会外，只要看好时间，就会穿上慈济的服装，风雨无阻地去做义工。对恬妮来说今世姻缘，她已了然于心，太阳依然高挂于空中，在照射投影中握有她想要的爱，这是一个很圆满的结局。

曾在香港红极一时的张毅，他来自台湾，如花美眷清丽的高太（源于牌术精通的昵称）是张毅的贤内助，为张毅生下两子，已婚，是张毅今生最得意的杰作，全家如今已落户于温哥华。退休不拍戏的时间，他忘我地迷恋养兰花，花了很长时间的钻研，终于由失败走向成功，现在养兰花变成了他的专长，喜爱兰花的朋友有福了，若想知道兰花的点滴，只要请教张毅教授，他就会以养兰专家身份全面地为大家精细讲解。

5 朱江夫妇

今日，远离奢华最彻底的该属朱江夫妇，早在七〇年代成名于香港影视圈的朱江，因移民潮的关系，举家移民到温哥华，三个女儿应已陆续成婚。认识朱江太太，是因朱江曾在一九八九年《喋血双雄》及《纵横四海》中演出，有机会与她接触。我喜欢听她诉说自己的身世，她以孤女姐姐的身份带领弟妹长大；我也喜欢看着她那双大眼睛，闪烁着她理性慧诘的光芒。我对朱太的认知，是她的坚毅，一旦她决定的事，她会很有分寸地勇往前行，她的好强无人能改，即使她的夫婿朱江也阻止不了；而她的情爱并不只在血缘中看得到，每当她提到自己年轻时，对朱江一见钟情的爱意，那深入骨子里“非卿不嫁”的爱，会让听者无不动容，只有竖起大拇指称赞叫好的份。

当他们移民温哥华，朱太带领朱江步入佛堂，茹素、念经、义工，这已成为他们生活的三部曲，朱江因妻子信仰的关系，也把所有时间用在寺庙的活动，平时居在温哥华的小屋里，他们自得其乐，过着简约清淡的生活，鲜少与朋友交际应酬。那年在温哥华，朱太曾带我去寺庙里参拜念经，认识寺中建筑，那天在她高兴地带领下，我也重温在佛学院念经的日子。而她的快乐发自肺腑，看她那样，就仿佛见到我母亲一般，皆在慈柔光环中深知轮回的因果。

朱江夫妇，经常流连寺院，每日与经文度日，以欢喜心听闻法师讲解经文，在心中广植福田。我觉得夫妻牵手同走一条信仰的路是很难得的，若以“心如明镜台，时时勤拭拂”，这不也是一种幸福的象征吗?！看着他们将自己后半生，乐此不疲地融入青磬钟鼓中，我只能诚心奉上一声："阿弥陀佛!"

6　黄霑

我们住在温哥华的那段时间，曾会见许多在香港影视圈的佼佼者，其中有外貌保养得宜，永远年轻的关菊英、秦沛、阿刨等人。秦沛依然吃香于港视圈，他与姜大卫两兄弟，不仅粤语说得好，国语说得更是字正腔圆，当然兄弟两人也住得不远。

平时走在温哥华的市中心，随时会在街上碰到不少名人，尤其来自香港的大批移民，让人觉得并不曾远离香港。我认为，高尚的人品不是在奢华中炫耀，而是懂得适时远离奢华，身为移民，就得懂得过平淡的日子，因为这样，我赞赏她们朴素节俭的生活，平实得叫人看了没话说，这才是人生，这才是生活的质量。

在香港影视圈有才子之称，于几年前去世的黄霑，他的聪明才智无人能及；反应快，人际关系应对，对他来说都不是问题，或许我们称他为"能人"也不为过，在三十年前，他已凭自己的才能横扫各地。

我们移居洛杉矶后，黄霑曾到洛杉矶与我们会面过两次，那时刚新婚的他，收敛以往的热情，以一种沉稳的态度处世，让人感觉他转变得非常快；即使他的一切从顶峰悄悄滑落，可是他不在乎别人的眼光，在最后十年期间，他把爱的精髓，完全给了温妮，但因为对创作的执着热爱，在音乐、主持、广告、文化等方面，他依然努力奋斗，即使行走在低潮中，仍展现不同的风貌，试图长存曾有的地位。

我们以前经常在么地道一家餐馆吃饭碰面，那时我家老大尚方与黄霑的女儿仅差两岁，我们家三个小孩与黄霑的一儿一女，八个人共聚一堂。

黄霑与小孩交谈的方式很简捷，一问一答，就够了。每次饭后要离开时，他总会不放心地问自己小孩“识唔识返去?”(懂不懂得回家?)他儿子永远说:“识!”(懂!)然后大家就分道扬镳了。时间不由人，如今我们两家的小孩都各自成长，但在我心中，他们依然还是那没有长大的乖孩子模样。二〇〇三年，是我们与黄霑最后一次见面，记得那时作陪的还有蔡澜，我们几人在一家小有情调又安静的餐厅晚餐，听黄霑说自己已经戒了酒，但是还是喝了两杯，然后就不再喝了，很自律。黄霑看我坐在一旁也不多话的样子，主动找许多话题来逗我出声，只记得当时黄霑突然间，想起一个远在韩国名叫春妹的女人，而我叫春龙，仅差一字，那晚他说出了藏在心中角落的故事，至于为何在他的脑海会突然蹦出个春妹来，这我就不知道了，然而当他说出口时，一种伤感的气氛袭来。黄霑的记忆力很强，只要他能说出口的，全来自他的记忆袋里，无人能及。

饭后当我们离去，黄霑依然洒脱如昔，他不曾提及自己的身体状况，而我们也不觉有异，也不知他正与病症顽抗，如今屈指算来，他那时正处于治疗中，但最终仍不敌病魔而弃世。如果早知是那样，我只会让他喝两口好茶就好了，那伤情的回忆也免了。

7　顾长卫与蒋雯丽

在洛杉矶平淡的生活里，我们碰到了一对不平淡的夫妻，顾长卫与蒋雯丽。他们夫妇二人就仿佛自天而降的老朋友，碰到他们，我们的生活有了新生的活力。

一九九四年顾长卫因霸王别姬得到最佳摄影奖，带着妻子蒋雯丽居住在南加州，夫妇二人勤力学习英语。顾长卫曾在好莱坞的影片中担任摄影师，蒋雯丽也很用功，在《刮痧》影片里担任女主角，他们二人的成绩有

2005 年，与顾长卫、蒋雯丽夫妇在酒店合影

目共睹。在南加州的日子他们总是出双入对，有影皆双，顾长卫的妻子蒋雯丽在他身边，每天的生活都快乐得像只小鸟儿。二○○一年，他们的儿子“和和”出生后，他们放弃南加州的阳光，携子返北京生活。

返回北京，顾长卫当导演拍了一部《孔雀》，反应甚佳。二○○八年四月，我们应顾长卫与蒋雯丽夫妇之邀，前往影院观赏他们一导一演的合作影片《立春》，为戏中角色而牺牲的雯丽加肥二十磅，在影院看到的雯丽已减肥成功，迅速恢复了昔日美艳姿色。

1998 年，与夫妇俩在美国家中

他们夫妇由南加州回到北京后，雯丽拼命地展示自己努力的成绩，她的姐姐文娟是她背后得力的好帮手。最近又听雯丽说自己已踏入导演行列，如今雯丽已横跨影、视、导三栖，丈夫顾长卫自然对妻子蒋雯丽屈膝称臣而敬爱三分。女子当自强，如今雯丽已交出一张亮丽的成绩单，令大家目睹其成就，太棒了，雯丽，加油！

8　Cici 席亚青

北京、北京，北京有许多说不完的人文史迹，近三十年中国因改革开放，其名号已在国际大放异彩；但此地吸引人的地方，不是地大人稠，而是许多不为人知的俊杰，卧虎藏龙比比皆是。

近几年北京进展神速，我双眼所及的一些巨大变化有：高速公路两旁宽拓绿化的环境；讲究外观雄伟的大厦设计；一般人懂得憩闲的生活方式；摊在眼前的一堆优秀杂志的印刷发行；餐厅、酒店林立；服务业人员礼仪周到；北京服装界的人才辈出等。有许多讲不完的话题，我只能慨叹不胜枚举的变化。

例如，平日我对服装穿着并不讲究，经朋友建议，请专人来设计打点我的穿着，二○○五年在北京认识一位服装设计师，她是由山西来北京闯荡事业成功的 Cici 席亚青，年轻貌美又纯真，毕业于北京服装学院，在服装界她拥有自己的天地。

个性纯真的 Cici 自幼习画又热爱服装设计，于二○○七年远到法国时尚学院去读全球时尚管理专业，她用自己数年赚取的财力来供自己深造，在困苦中她看清自己未来的方向，只想把设计的领域拓宽，确实难能可贵。看她的思维正确，在她身上显现的毅力让我备觉尊崇，值得学习，因此 Cici 席亚青成为我在北京的朋友之一。

住在北京这段时间认识了不少朋友，我仍然记得当初王姓夫妇的热情点滴，他们在旁的协助，让我们有宾至如归的感觉，如今合作不再，并不表示我将他们曾经的点滴给遗忘，在此只有说声谢谢，希望大家身体多加保重，心想事成。

9 林志玲与叶华

电影《赤壁》有来自台湾的林志玲与叶华两位女演员。林志玲为了演好小乔的角色，特意到北京聘请老师上了许多课程，例如表演、声线、身段等，如今看到电影中的小乔，娇柔的气质得益于北京影艺老师的教导，他们当真功不可没。而林志玲的成就，完全是靠她自己的用功得来的；平日的她一点都不敢偷懒，每一分钟都在学习如何进入演戏的状态。或许大家不知道，活泼的林志玲，私生活很严谨，她身上具有阳光的气质与心态，日后我们将拭目以待她的发展，笑容美丽的志玲，她是一位很具有潜质的喜剧演员。

红花也须绿叶衬，在林志玲身边饰演婢女角色的叶华，在《赤壁》戏中卖力地演出，她不因角色的次要而淡然视之。看叶华成熟的演技，气定神闲地甚具大将之风，不愧有多年的演出经验，一出场就演得中规中矩，诚属难得。

10 赵薇 小宋佳 梁朝伟

《赤壁》另外两位女演员，一个比一个更有演技，尤其角色讨喜的孙尚香由赵薇来演，她已把自己可爱的个性融入角色里，对红酒情有独钟的赵薇，经常在南（上海）北（北京）三头六臂地穿梭，歌、视、影一身包办。

事业成功的赵薇，非常有兴趣地问我："你们夫妻的感情是如何去维系的？"其实这个问题是一个大问题，我们并不是不食人间烟火的金童玉女，我们很平凡，也具有七情六欲，与常人是一样的。感情这东西谁也说不来，"爱"就要不断地付出而不期望回报，要找一个永远爱自己的人的确不容易，一切要出于本心，戒律自在，基本上只要自己在婚姻中，不变成忘恩负义的人就好。

当初选小宋佳来饰演骊姬这角色时，大家皆抱着拭目以待的眼光去衡量，结果小宋佳把骊姬的角色给演活了。只要看她在《赤壁》中，演出那角色时可怜的眼神，就让许多人为之动容，看来小宋佳的演员前途是未可限量的。

梁朝伟与刘嘉玲夫妇，欢天喜地地在不丹印证二人纯净的爱情和婚姻，我与宇森在此，恭祝他们夫妇二人永偕白首！

我的记忆经常会游走于琐碎的片段，对曾经善待我的朋友，很想表达我的感激，但中间难免会有挂一漏万之处，希望回忆的脑袋充分运转，我将美好永远铭记于心。

11 徐克　秦沛

二〇〇九年三月，参加亚洲影展后的第二晚，我们出席了徐克与施南生工作室二十五周年的庆贺派对。当我们抵达会场时，只见吴宇森与曾共事的老友一一握手问安，他忙得分身乏术，而身为老妻的我，早就被他抛之脑后了。

屈指算来，几十年匆匆而过，大家拼命在事业上发展，如今已各有所成，彼此已立于花甲之年，只见往昔众友斑白的两鬓与稀疏的鹤发，悄悄地取代了当年意气风发的青壮时期。

无可否认的，是夜诸位要看的是吴宇森如何面对曾经的战友，事出总有因，传言吴宇森与徐克曾共事但因理念不同而分道扬镳，然而年代久了就变成了故事，“故事内容我明白”，说出来了，意义又何在？

当晚只见立于台上侃侃而谈的吴宇森，一味回忆当年与徐克之间的互动情谊，对朋友惺惺相惜之情，并未因时间的蹉跎而产生任何芥蒂，即使往后不再共事，也并不影响各自所长的电影空间，吴宇森依然以初衷之情，道尽感激之意。

香港电影协会会长，也就是甚具男性魅力的吴思远会长，听完了吴宇森的心声，大力表扬吴宇森的敦厚情怀。

施南生自是当晚的主角，一直以来“女强人”是娱乐圈赐予她的称号，她的聪明能干，真是无人能及，于公于私的面面俱到，让人不能不佩服。

而身为吴宇森老婆的我，往日只知蓬头垢面居家度日甚少与身居要职“日理万机”的南生会面，即使碰了面也没有相同的话题去谈论，因此我们经常“擦身而过”，这也是正常的情况。当晚与南生再见，她客气地问我：“你最近怎样啦？”我则自信地回答：“女子当自强，我正在求取进步中。”

看，职业妇女与家庭妇女之别，就在来往互答中已见其底，因此那夜我们又擦身而过了。

秦沛与姜大卫两兄弟，当晚于会场上又碰面了，而李琳琳今日已身为姜大卫身旁的“跟得夫人”。嗯！如今“跟得夫人”的人数急剧上升，眼前又多了一位“跟得夫人”，看来专职此项的我并不寂寞。

身为资深演员的秦沛，说自己已呈半退休状态，只要不工作，他就携妻返温哥华居住，难得偷得浮生闲情，先满心欢喜地充分享乐，再抓紧悠游自在当寓公的生活。其实人生最高境界就是在无求中自得其乐，秦沛已深明生活的奥妙真谛，这可真让人羡慕啊！

而弟弟姜大卫，与妻子李琳琳原本居温哥华，因工作关系，又携妻带儿地返回香港去居住，为的只求生活起居有个最佳照应，妻小在侧，则是他心中安定栖息的回归，当姜大卫这样说时，他脸上呈现的幸福已达满分。

或许因为年龄渐长，智慧也跟着成熟的关系吧，兄弟俩人的明星相，反比三十年前更显俊朗得多，不信大家把他们前期的相片与现今相片对比一下就可看出端倪。在香港影视圈中，他们兄弟俩人的观众缘已达饱和点。

平时我们与秦沛、姜大卫、李琳琳倾谈，他们说起国语比我说得还标准，我想他们不去当配音员还真是国语片的一大损失。而广东话他们更是说得字正腔圆，在他们面前，时时令我自惭不已，我只能在此拱手说声“佩服”。

当晚群星闪烁，张同祖、曾志伟、岑建勋、吴思远、杜琪峰、林岭东、邹文怀等的出席，照亮了整个昏暗的会场，当然最亮丽的就属林青霞的现身了，三千宠爱于一身的林青霞不愧是林青霞，依然靓丽如昔。

三月二十六日中午，我们由香港预备搭机返回北京，在机场内听到十分熟悉的“Annie”声，有人在叫我，仔细一看竟然是久未碰面的莲妹。娟秀的脸庞（瘦了）现于我眼前，身后则是她的夫婿周润发，我们很高兴在机场内巧合地碰面，夫妻两人碰巧与我们同时乘机飞往北京，我们彼此交谈了一番。因为工作的关系，在北京下机后，我们互道再见，大家分道扬镳又各奔前程各自忙碌去了。

所谓“人生如戏，戏如人生”，无论身在何处，我与宇森皆努力前行不懈，我们没敢小视未知的前路，因为我们知道，人生路在每一阶段皆有每一阶段不同的领域，“代价”就是在学习中无限地付出而不（不敢）求回报。

虽然今日吴宇森在好莱坞影界已占有一席之位，但多年来他仍坚持

"关心"朋友，他认为"朋友就是朋友"。看啊，身为男子汉就要具有男子汉宽广的胸襟，才能令人折服。

若问"缘分"是什么？一切到来就顺势而行，自然得像水一样……顺势而流。其中并没什么大不了的事，因为续缘主要还在后头呢。未来发展情势是什么，谁可以看得明白？谁又可以说得清楚？

当我学习要适时展现"宽恕"的心胸时，竟然发觉在过去的故事里，又能发展出起死回生的未来，让我感到有意思也让我感到"宽恕"的重要性。自问没有视野又何来宽心？因此我的座右铭，除了"不要浪费时间"外，还得追加一句，面对未来"愈挫愈勇"才够圆融。

目前我认为自己只是个学生而已，当我走在人生这条路上，无论曾经对错，我已获得许多人的包容与宽爱，自认此生无憾，让我心生感恩。

当然在此更要感谢母亲给予我的栽培，因为母亲，我时常心生感恩；因为母亲，我智慧横生，只望在学习中，与大家一起稳步向前，不断进步！

我乐见每位朋友稳走当下的路，请保重。

第六章

我的佛缘

无论身在何处，每当体内精神能量减弱时，我会将“自在”放在当前，自动把心放入佛光山的大悲殿内去储量。大悲殿是我心中永不泯灭的清净之地，就像佛光山一样，永远是我心中的佛光山。

1　就读佛光山

记忆里，每年的大年初一，母亲总会带我到关帝庙去拜拜；假日也带我到寺庙听佛法。常去的有台北市的善导寺、台北县木栅的指南宫、板桥广钦老和尚的庙宇，还曾远至新竹的狮头山，当然有更多庙宇我们去过，但是名号却记不得了。我与母亲的关系是两位一体，凡是母亲去过的地方，就会有我的足迹，如今在回忆中，想到那些过往，倒都变成很有意思的事。

当我上中学时，母亲已固定去某一道场。在假日，会带我们（我与姐姐）到佛堂去当义工，无形中也免去了去许多庙宇的劳顿奔波。其实我在旁边，若能安定母亲的心，对我来说并没什么损失。而母亲就是以这种“潜移默化”的行动，让我逐渐步入佛法的生活，无形中让我赚到了洁净生活的质量，这算是我步入佛学院就读的前因；后来有位来自台南的黄伯伯，对母亲大力推荐佛光山佛学院的好处，他认为适度地让我去接触佛法会更好，母亲听后十分赞同黄伯伯的建议，于是决定让我南下就读佛学院。(佛光山位于高雄与凤山之间)

当时我的确对佛学一无所知，却有机缘遇到那时身为佛光山院长的星云大师，因为他的慈心与有教无类，收容了像我一样对佛教一窍不通的外来学生，这是我的荣幸。

我与常人一样，有着不少缺点，因为走上了“修行”（修正自己的行为）之路，极力修正自己的缺点，反变成当务之急。今日有感而言，乃是希望自己以前所犯的错误，不要变成别人的负担才好。

如今离开学校三十几年，却一直心生惭愧，愧称自己是佛光山最不成材的学生，然而对师长给予我的教诲却永不敢忘。在此，要特别感谢星云大师于二〇〇五年，替我出版《普陀山与九华山之行》，此书是我书写的第六本游记，在不同的佛教圣地有着不同的体验，当然我可没少写几段古文心得放在其中。而这本《普陀山与九华山之行》，说来或许没人相信，连我自己都要到佛光山去预定才能买得到，若以阿 Q 精神去看，是叫我时时莫忘“佛光山”啊。

高雄佛光山是我曾驻足的地方，在那里存有我心底的一块清净地。感谢母亲多年来对我细腻地提携，让我步入佛学的人生路。因为有正确的信仰思想，也略懂清悠生活的益处，不时引领自己步向清律，佛法功不可没，这是我妈要我到南部佛光山去就读的原因。我不后悔妈妈替我做的选择。

佛光山大悲殿前与姐姐合影

母亲是抱着精进修持的心，靠着宗教精神力量，走完她的一生的。而我在母亲信仰的熏陶下，也一直把智慧看得很重要，我认为“有智才有得”，智慧当然比聪明更好用。我与吴宇森俩人白手起家从无到有，自然懂得平铺自己朴实的人生路，其中生活虽琐碎但却充实。我们认为，只要时刻充满精神能量，简易的日子自然就过得安然与愉快。

2　佛光普照——佛光山

无论身在何处，每当我体内精神能量减弱时，都会将“自在”放在当前，自动把心放入佛光山的大悲殿内去储量。“大悲殿”是我心中永不泯灭的清净之地，这就像佛光山一样，永远是我心中的佛光山。

我高中毕业在台北，却跑到南部高雄与凤山之间去就读佛学，这原本并不在我的人生规划中，然而我母亲喜欢我亲近佛法，所以我去了，如今想来我不后悔这种听话的选择，并且还要感谢长辈的提携与教导。

三十几年前在闭塞的南部，佛学院的成立并不被人接受，但是佛学院院长却带着远瞻的果敢，数度北上与“教育部”有关人士沟通，之后排除万难，让我曾就读的东方佛教学院成为今日的丛林大学。

我一直生活在母亲身边，那年台南的黄伯伯对母亲大大地推荐佛光山，说是佛子值得逗留学习的好地方，让母亲心中了然佛光山的稳秘性有多好，因此母亲很大方地把我下放到南部去，让我首次去过团体生活。

因为在佛光山生活过，让曾经身为学子的我，直呼幸运，不愿放弃佛光山点点滴滴的回忆，从此以后那里也是我唯一可徜徉的清凉地。母亲往生后，我将母亲的骨灰安放在西来寺的玫瑰陵，我的心随母亲同在，感谢母亲对我的教育，让我在思想上不断有更大的长进，因为这样佛光山之名不仅是文字上的定义，更是我心长驻之地。

那一年，我进入佛光山就读，应校规规定，可以携带一些简单的衣物、日用品，而我只记得自己带了一条大棉被前往，我想那条大棉被是我二哥（牛春渝）早替我准备好的了，因为我妈会写信及早告诉他，当我入住佛光山时，需要他为我准备一些什么，其实什么都不需要，需要的只是一条棉被而已。校服在之前早已量身订制好，夏天穿浅灰及膝裙；冬天穿黑色及膝裙，左右设有口袋可装物品，脚穿白袜踏着罗汉鞋，这就是我们在家学生的装扮。

春龙就读佛光山，左侧为图书馆，右侧为学习起居的地方

我二哥那时在左营炼油厂任工程师，住员工宿舍，我二嫂则在海军医院当护士长，俩人早出晚归敬业地工作，为的只是一个家。自从我二嫂相中我二哥那天开始，我二哥如果是孙悟空的话，我二嫂则是如来佛掌，他今生休想翻出她的掌心之外，只因我二嫂深知，我二哥是超级奶爸，在“须弥山”中，住有他三个至爱的子女。当年我的宝贝侄女牛肉梅出生时，给牛家带来不少喜悦，她全身肉肉的、肥肥的，好玩极了，让人看了就想抓着她的小肥手咬两口，其实她真名叫牛瑞梅，但是我一看到她就会冲口而出：肉梅、肉梅、肉梅。

台北的一根绳子（妈妈）牵引到高雄（二哥），将我安全送进垒（佛光山）去，家人立时高枕无忧，却把烦恼塞给学院的院长。入住学校当晚，我就痛哭一顿，只因要我把头上的长发剪短成齐耳的学生头，我不大愿意。而我眼中高大庄严的出家人院长，管理来自南北不同地域的学生，的确是一种考验，嗯，还是一份不好统一标准的整体管制考验，因为其中有十分之一的在家人（我们），可不像十分之九的出家人那么好管理。因为我，让院长想起他姐姐不愿剪断长发的往事，烦恼马上就在他面前摆着了，但是我们院长非常有智慧而且又开明，他深知因材施教的原理，结果第二天我即奉命留下了出家人不要的东西——头发。

佛学院教给学生多种科目，中文、日文、英文、护理、公民教育，还有佛学。佛教是由释迦牟尼佛创教而起，在唐朝时期，由印度东传进中国。教义分有显密两教：出家人宣扬佛法教义称为显教（显宗）；藏传佛法的灌顶、授法、秘密传宗我们称之为密宗即密教。

佛教分有八大宗：禅、密、律、天台、华严、净土、三论、唯识。那时我真有兴趣去分门别类研究这八大宗的教义！比如以“涅槃”这两字来说好了，在学校上课时，经由深通佛学法师的引经据典，把经文的字面，如层层抽丝剥茧细加解说后，就引申到另一层面的文字里面，彼此之间又能融会贯通其义，故仅仅两个字，佛学教授（师父）可以花半个小时去解释其渊源，因此在课堂上我就得打着十二万分精神，全神贯注去听讲解而不敢懈怠。在如此聚精会神之下，经常让我听得连耳油都流下来了，并且心生欢喜，认为法师讲得太捧了，因为这是一字通而句句通的深意，明与不明，的确让我思维备受考验。然而在不断地听闻中，蠢材如我者，在教授悉心讲解下，智慧已掩然而生，而我的幸也由此而起。

佛光山的教育是深具启发性的，其中“立德”“立品”“立言”“立行”与佛家人的“立如松、行如风、卧如弓、坐如钟”均是靠己身去修为。我在学校除了接受校方教学外，平时也得自修做钻研的功课，可千万别小看自修的功力，即使靠自修去做功课也要带着敬业的心，从中自会得到收获。因此佛光山在晚间七点至九点，会给我们两个钟头的自修时间，靠自己启发智慧。经过多年，我总算明白了什么叫自修，因为懂得自修的人，其成绩并不是学历所能体现的。

我就在什么都不懂的情形下，去学习去摸索，这当然会有些辛苦，但我认为只要用心就好，而收获已不在我的计划内。目前自己以立起急追的姿态出行，也不知在人生收场时积分会如何，但我只能利用现有的时间，全力发展研习的空间，把该做的部分，高高兴兴地去完成，只叫自己莫走宝山一趟空手而回就好。至于业力、轮回那又是另外一个话题，高深得不知叫我如何去说才是，暂时不表。

什么叫智慧呢？这是高于聪明又高于精明的一种思想，也只有诚心使用智能的人，才具有真智能的光辉。如果要我来形容智慧这两字，嗯，不如用清蒸包子来比喻好了，一般人也知道和面有凉水、温水方式，面粉也有生、熟之分，总之和成面团后，将其擀成面皮，而包子中间的馅就如同智慧，其重要性在于"立德""立品""立言""立行"，将它们合成后放在笼内，"经过时间"的蒸煮，熟了、软了，呈现给世人的是一个可口的包子，可口的包子不在外观，而是令人心服口服、行径一致的内涵，有内涵的行德，口碑自然盛行远播！

今日闻名遐迩的"星云大师"，就是我口中昔日身为佛光山出家人的院长，大师的智慧让我佩服，他一生的付出早就悬空于世，我认为大师的智商已高到不在智商的行列。只要见闻他所到之处面对群众的演讲，都会为之赞叹；他将所有时间，用来推广文化，不遗余力，在其身边敬业的佛弟子皆能证明；而且具有超强的管理能力……大师种种优秀之点，在此无法细数，我只能说，他是少有的统理奇才，又是启智的引路人！

人生八十才开始，大师智慧随着年岁而增长，因善用时间写书，多年来无论多忙，他总能在忙中出专著，每本书中深具慧言智语，让大家受惠，也让我们看到大师的才智，正发挥到极致！

二〇〇五年再回佛光山时，已是三十年后的事，环视佛光山的新景观，当然取代不了存我心中的旧时风貌；而我听闻大师身边有数千名佛弟子，培育了无数学士、硕士、博士，这一点我并不觉得诧异。因为当年大师以远瞻的眼光来看我，对母亲说，春龙是可造之才，未来愿意培养我到日本深造，获得更高的学位，为佛门制造一个在家人去宣扬佛法。

而学历对我来说，并不那么重要，我认为人贵在于知本、要有良知。当年我在佛光山就读时，院长正用他的羽翅竭尽所能让我们安乐读书，我当然深明书读来不易，但是愚昧如春龙者，却选择只要一个充实的人生而已，而我的人生路就在自己踏出山门那一刻开始，已急转弯到另外一条线了。因此，我知大师在教育英才方面的不遗余力，我是可作证的。

春龙并非完人，但智慧浅薄的我早已获益良多，一直以来因立志不够，仅能秉持谦虚之心，去面对来自各方不同的挑战；我希望在人生路程里，以不过不失的行径持续修行（修改行为）。多年来，春龙心中感恩大师曾有的栽培之意，对我来说，这样就足够了，若论及学历，我只能这样说，自已是佛光山最不成才的一个学生。

在我离校后，听闻几位师父相继前往日本进修，取得博士学位依然回到佛光山敬业至今，我们可以在慈容师父、慈庄师父、慈嘉师父、慈惠师父四位法师身上看得到。

当年在佛光山沙弥学院带领育幼院小学子的慈嘉师父，她是点燃爱心亮光的一根火柴，慈嘉师父竭尽付出爱心像父母一样，无微不至照顾那些无家可归的孩子（大约有十六人），其爱心的确可以让这批小学子茁壮成长。我自离山后，一直无缘再与慈嘉师父会面，据闻慈嘉师父已于几年前辞世，师父的离世，让我更觉时间的宝贵，她全力把所有时间放在教育身上，这也是我对慈嘉师父怀念不已的地方。

慈惠师父的个性异常沉默，她话不多，语言仅以文字来发表心声，埋首做事的专注程度无人能及。当年觉世旬刊每十天就得出刊一次，在短时内就得编辑成文准时出刊，非常不容易。因为觉世旬刊，令我见闻任期内的慈惠师父，必须力极四方邀稿的功力，让大家在短时内就能看到文情并茂的出世智语，苦心地经营旬刊。因旬刊的发行，那时我已深知南部卧虎藏龙、人才济济，这个才情人士的隐居之地怎能只用“南部”二字来概论呢?！我只能啧啧称奇说声“佩服”。而当年自己也在夹缝中写些心得登在旬刊上，如今想来真是自不量力，汗颜啊！

觉世旬刊若没有慈惠师父用心的打理，实难持续多年准时地出刊，慈惠师父敬业的精神一级棒，多年后，慈惠师父自日本学成回佛光山，被大师任命为学校教育部长之职，她将学子的文化前途开拓得更为宽广，陆续成立了佛光大学、南华大学及南加州的西来大学，慈惠师父在任期内为大学的成立奔走，其功历历可表，在我印象中的慈惠师父，真的一年四季只知埋首做事，鲜听她言语，我只能如是说“沉默是金”吧！

二十年前当我有机会承担编辑工作时，我经常以慈惠师父埋首敬业的精神为榜样——无论如何，就在愈挫愈勇的情形下“多做少言”！

慈容师父是我最乐于亲近的师父，其肃目的面容是我心中法相庄严的代表；但是时代不同了，展露笑容是应时代的需求，慈容师父远瞻此点的重要性，因而费了半年的时间去学习展开笑颜，慈容师父她用毅力去克服难题，如今看慈容师父的亮丽笑容，她已成功地把慈祥拥入了怀中。

在初期的佛教音乐里，能有幸听到慈容师父浑然有力清亮的歌喉，那时她是佛音歌声传递的不二人选，曾为佛教音乐付出了不少心力。她不仅能歌，在行政管理方面的睿智也无人能及，每一件事经她眼神一扫已了如指掌，在学校见识着她的全才管理法，让我们为之倾倒佩服，如今慈容师父已身为佛光山佛学院教育行政院长。

三十几年前文字须靠手写钢版后印刷出来，在校由我来负责学子们的讲义工作，我那时觉得写钢版的心情像是在画画，很有意思，自己原本瘦弱的字体经钢版印刷后，看来还算干净整齐。还好当时学校师生都能接受我的字体，但以现今高超的影印水平来看，我又宁愿机器取代自己那几笔难看的字，以免贻笑大方。

平时我们只有两种身体力行的活动，一是打篮球，一是出坡。打篮球当然大家都知道是怎么回事，而“出坡”则是走出教室外面去清洁四周的环境，也是说让大家活动筋骨走动、走动。活动筋骨的出坡，会浪费许多时间，每当慈容师父在分配学员须负责哪些范围时，我就会挺身而出说：“慈容师父，我要写钢版！”慈容师父一定会答应的，因为写钢版需要许多时间，但是就在对视中，慈容师父应早就看见我想偷懒了吧！

因为抄写钢版的关系，让我今日在写字方面也显出不少力道，发展到后来，当我提笔去画国画时，对毛笔的运作也非常有帮助，而此种环环相扣的局面，自然也不是当年抄写钢版的人所能想象得到的，我只能说纯是因缘巧合吧！

二〇〇八年三月，当我精神能源缺失已了无自在时，心中忆起大师在五湖四海创建的佛光会，当下打电话给慈容师父，自动归入慈容师父羽翼下，经她应允，让自己做一个自由的佛光人，当下即安顿了我的心，也让自己盛满五湖四海的力量再度前启，其实我们师生之间的传讯只要一通电话就够了。

慈容师父为人细心，她一眼就能看到不同层面的缺失，在管理运作方面，处理业务绝不拖泥带水，做事公正果断，在慈容师父身上我侧视到她做事方针的圆融，有朝一日若自己有机会一显身手，也希望具有乃师之风。

对加州西来寺的创建功高至伟的慈庄师父，一九七九年与一九八〇年于白塔寺内经常会见到我们（母亲、姐姐、我及孩子们）的足迹。年余后，慈庄师父要负责筹建西来寺、我们便多次前往市中心为建造西来寺听证会声援，砖瓦的长途输运（台湾——洛杉矶）以及启建工作等，这中间费了不少人力、财力、心力，西来寺耗时八年策划、建筑，在一九八八年一月终于创建而成，此乃集大众因缘和合而成。如今西来寺能够在南加州建筑成功，慈庄师父锲而不舍的精神功不可没。我想那时让我们院长伤脑筋之处，才是真正的开始，那当然已不是应付三千烦恼丝那般容易了。

目前西来寺在南加州，已成为远途旅客参观佛教道场的胜地，南加州的西来寺与梵蒂冈一样，同是信仰者精神能量的祈祷地。

二十几年转眼而至，慈庄师父建寺的辛劳历历在目，由佛光山至西来寺的点滴岁月，都有我与慈庄师父的因缘，只要到南加州，就会无故碰见佛光山的佛弟子与慈庄师父；在香港居住时，我住在十八楼，十楼就是佛光山在香港佛香精社的道场。

请问我在五指山的因缘下，可以往哪里去？嘿，为我感觉幸运吧！

慈嘉师父的爱心；

慈惠师父的敬业；

慈容师父的公正；

慈庄师父的毅力；

佛光山的道场有了她们在旁护法，佛光遍照五湖四海，这四大金刚的威力可不容小视，我希望能拥有她们身上的每一优点，那才是我想要的“人生”！

3 跑香

佛教起源于唐宋时期，由东印度传入中国，它的教义与中国盛传的道教，在文化、思想上异常契合，因此佛教迅即盛行于中土。

时日辗转变迁，佛教由出世走进入世，由深山迁徙到城市，打破千百年不变的教条，力将佛学简易透明化，使民众对佛学有近距离的认知。

这是今日身为佛教徒，最为幸运的事。

在佛光山时，我们在家人，在听到敲打晨钟暮鼓的当下，人人必须身披“海青”上堂念经，何谓“海青”？

在佛教传入之初，僧人的常服与俗人一样，只是在颜色上有所分别，所以沙门有“缁衣”的称呼。

其实，“海青”虽然是脱胎于汉服，但是它仍然有一些特别之处。“海青”有一些引申的含义：称僧袍为“海青”是取大海的浩瀚深广，能容万物；取大海波浪的飘逸洒脱，自在无碍；取色泽青出于蓝，代代更胜，意在鼓励策进，不同凡俗。“海青”的款式腰宽袖阔，圆领方襟，所以又称为“大袍”。

出家二众在礼佛、诵经时穿大袍，将三衣中之一种披在大袍之外；其余只可穿大袍，不披袈裟。

“海青”是根据隋代以后天子所穿的黄袍稍加修改而成，江苏吴中之地将广袖的衣服称为“海青”，因为僧袍的袖广，所以援引其名，称为“海青”。

中国佛教的出家人在举行法会时都会穿“海青”，它是比较正规的常服，也是具有中国特色的法服，所以“海青”其实应该更具有法服的意味。

与穿着“海青”相比，学校的在家学生与出家人服装各异，我们在服装方面，堪称简便轻松。

夏季身穿的是一件八分袖，左右各有口袋的浅灰色及膝连裙装；冬季身穿黑色及膝连裙装，脚配一双罗汉鞋。平时在家毕生是不需披着“海青”去上课的。

台湾南部天气是湿热的，但无论晴雨，我们都在回廊内活动，因此穿在我脚上的这双鞋，总是干爽得不曾打湿过。嗯！如今想来，自己曾生活在那种清纯的环境里，感觉真幸运！

但是当年生活在佛光山，对我来说，一切都是个未知数，只是以懵懂的心，由零看起、由零学起。

因而仅仅聪明还是不够的，还得要靠智慧，去解招拆招地一步步学习。但在当时，我毫无应运而生的挑战心理，只能说自己一切还没有准备好。

“跑香”于千百年前存在于丛林寺庙里，是出家人的走路运动。“饭后一支香，有益于健康”，这可不是烟民的广告哦！这是寺庙里有益身心的“跑香”。

我在佛光山身为学生的日子，每项生活的运用，总的说来，皆能让人活得健康而有趣。

因此我们每日在午饭后，小走十分钟，即达三高不上身，这真的是有益身心的小运动，也是很文明的生活概念。

话说“跑香”，也要有“跑香”的地方，但，我们学校在建筑上仅有四合院的影子。

看看，我们的东楼，上为寝室，下有三间教室；西楼，上为师长寝室；下为图书室。南有教职室与圆门及会客室，中间的透天，以青石铺地。

而坐北朝南的大悲殿，则高于东、西、南三厢之上，要爬行四十八个阶梯，称为“四十八坡”，才能上到大悲殿，这仅是依山而建，依山而行的寺庙。

但不要紧，请别小看平地的不足，我们仅用回廊的空间，就可实行“跑香”的妙用。

我曾提过，出家人坐姿要有“坐如钟”之势，这是其一；出家人走起路来要“行如风”，这是其二。

而出家人只要手捧戒律、头点戒疤当下，定具备衣食住行四要：立如松、行如风、睡如弓、坐如钟。

今日介绍的禅堂“跑香”，是身为出家人必须依守的规矩。

“跑香”的作用是训练出家人，如何在身型上带动手袖的摆动，这有一定的方式规律，在行走时，才会有“行如风”之姿。

出家人的行如风，如风之行止无迹，不得回顾互盼，身穿长褂时不能抄手，须徐徐行步，轻轻摆手。

在行走之仪下，行香摆手须左手摆三分，右手甩七分，须顺圈子而走，不得穿堂直过。彼此在行走时与前人须距三块砖，若超过前面的人，即有失行之威仪。

因此大家在进堂时，互不问讯、不合掌，不得抄手而行。必须将头靠衣领，端严整肃，目不可两视；必须两手垂直，不得东张西望，不得交头接耳，不得低头或昂脑，不得转头顾视。

以上是出家人“跑香”的定律，我们这些在家人，只要参与出家人的生活，就非得同步而行，不仅同行，还要达到出家人的“跑香”规则才算合格，这叫尊俗与共、同甘共苦啦。

因此在“跑香”时，我的双眼，多数是望着自己徐徐而行穿在脚上的那双罗汉鞋。

罗汉鞋真的很好穿，尤其南部的夏天多热呀，穿着罗汉鞋，就等于每天脚踩着春天的草皮在走路，那种舒适啊不可言喻！

因此一双罗汉鞋，不仅可遍走天涯海角，同时也是成道者不可或缺的终生陪侍物。

而当我们这些师生齐聚于圆门，徐徐起步，来回地在回廊内走动时，我们的因缘已扣在当下，脚下散发出浓浓的跑香缘。

年岁穿梭，听闻有些人，因个别原因已离世，我只能这样想……

青青青青覆青青，一劫一劫又一劫。

风雨翻滚自有时，莫问世间情由来。

但看灵山昔何在，跑香依旧缘已渺。

4　佛光山杂记——锅巴趣闻

今日的零食，大部分需经化学物品添加而成，若由外表包装上去看，美则美矣，但放进嘴里香浓得已分不出原有物味，唯独“锅巴”平平板板的模样，看来虽粗糙，但经咬嚼之后，会自然随着齿缝迸发出香味来。

“锅巴”为何物？锅巴好啊，锅巴是必须要用大铁锅去煮，沉淀在锅底的饭粒，在煮食过程中，会形成一片金黄脆硬的饭焦，只要喜欢，吃过一次后，就知道新鲜出炉的锅巴美味在哪里了。

我的牙齿也快到了要换龄的时间（掉牙），若不趁此时多嚼几回那可爱的锅巴，未来只有望物生叹了。锅巴是我今生最喜爱的零食之一，只因锅巴的香味自然天成。

我在住校期间，唯一享受的乐趣，就是啃啃锅巴而已，因此我的锅巴乐，始源于佛光山住校那段时日，应该没错。

佛光山位于台湾省高雄县大树乡，当时在星期六、星期日两天，我们学校会开放给外来客参观，等于将深山的佛理，开放进入平地的民间，让一般民众对佛学有深入浅出的接触了解，其实道理很简单，就是少气多笑，长生不老之理就在其间。

那时，佛光山对某些人而言，仅是个到郊外远足的好去处，而一般人也不流行假日期间做休闲之旅。

因交通不便，每当公交车由高雄市市区开往高雄县内时，光是单程就需五十分钟，而我们这些学子想要踏出山门又实在不容易，等待公交车的来去时间表我们手上也没有，平时周末放假，留在校内当知客也很好，因此我母亲当然放心把我下放（南下）到佛光山去，让我尝试山门内的朴实生活。

虽然我二哥（牛春渝）就住在高雄市半屏山那头的炼油厂，而我却从来不敢乘公交车走出山门，我长这么大，再怎么说，也该充分享受一下自主权是吧，可惜我没有这么做；说穿了，就因牛春龙胆小如鼠，生怕自己踏出山门，走失了也不知要搭什么车转回来？这样的说法很牵强是吗?!呵呵！但却是真事一桩！在此拜托别笑我无用才好。

每回车子抛离人烟，行驶在香蕉园林两旁土道上，方圆三里之内种着成片的植物，远离人家、远离喧哗，南部蓝蓝的天空与炽热的气候，在此透着浓浓纯朴的乡村气息，是一幅十足不受外界打扰的新天地。

若偶见炊烟升起，我就会望着农家小屋，心想不知此处人家又要煮什么好吃的了；而远处山坡上种植着成片的凤梨，经阳光的曝晒，尖尖的叶片或高或低地冒出在土堆上，远看就像土栅般壮观。

初期佛学院的学生多以出家人居多，佛光山那时全体师生加起来大概才有百来位，比丘、比丘尼则占了百分之九十以上，其中包括了院长及十来位教师，也包括了无家可归的小孩及小沙弥等。

那时的佛光山仅开建一座山头而已，另外两座山头还正等着斩棘开发启建，不二门的建设蓝图也在想象中。

已建设好的校舍及教室就立于大悲殿的下方，而东西两方呈U字形建设的则是师生宿舍，那样新颖的设计犹如中国古老的四合院一样，平时只要上下楼梯即可通达四处，我们很喜欢活动在其间，尤其遇到下雨天，身上绝不会被水淋到，直到今日我还是很喜欢那种细致周到的设计。而未来若自己有块土地时，我也会考虑将房屋设计成那种四合院的模样。

呵呵，目前我只能是“想想”就好了，平时我对物质要求也没那么高，经常会把机会给错过了。有也好，没也好，“想想”也不错，总之像这样“望梅止渴”的阿Q精神，让我只一切随缘，顺势而行吧！

但是我唯独没有错过的就是吃锅巴的机会。

当我写到锅巴时，难免要提到镇校之宝——大悲殿，当时为了满足口腹之欲，得由东厢宿舍奔往西座的厨房，定要横越大悲殿的中段路程，才能到西座取到锅巴。

大悲殿是我每日进出诵念早晚课之处，学校的学生原本就不多，我们这些在家人还不到十位，是谁都瞧得清楚我们的一举一动，可说是法眼难逃，但我们（还有同学）会小心行事，尽量不去惊动四周的人。

其实说穿了，我们仅是喜欢啃锅巴而已，校内的人还会有不知道的吗？应该早就有所闻了吧，呵呵呵，只是没人管，我们也不说而已，彼此互相尊重啦！

大悲殿是佛光山第一座殿堂，是我们师生常聚（早晚课诵）之处、是我们心中清凉之地、也是我们学校的镇校之宝。外观雄伟坐北朝南的大悲殿，大殿高度有二十米，每当信徒步入大殿时，会看到七米高，翘首昂望手持净瓶呈立姿的白衣观音大士像。

殿内墙壁四周，则嵌满小尊观音像在内，因佛前装有小灯，故只要打开满室佛像灯光，立时万座观音尽收眼底，因而大悲殿又被称之为万佛大悲殿。

一盏小灯虽弱，但只要万盏小灯同时打开，那千手千眼大慈大悲的万座观音，就在万佛灯火下，同时展现无限的凝聚能量，这不仅是万座观音像大悲殿的特色，也是活在我心中的万佛能源之地。

殿内观音脚下莲花座旁，每日由法师负责佛龛长供的清果，也将宁静、优美的花朵供奉佛前，在清香缭绕中，注目矗于殿角的木鱼与磬，那并非摆设，而是殿内唱诵早晚课的佛具。

不曾耳闻唱诵者的原音当然可惜，我们这些学子，每日早晚在大悲殿内念诵经文，即使远在数里外的居民，也能感受大悲殿传送而出的天籁之音。

当我这样说时，仿佛把人给拉回到姑苏城外的寒山寺，我们的唱诵声，就像寒山寺远传的钟声一样，在夜深人静之际，也能传送到极遥远的地方，让方圆百里的人都能听得见。

然而呵呵！我又笑了，因为在那天籁之音里面，我也把自己包含在内了，嗯，我，感觉很美妙！

话说回来，当香客立于大悲殿上方时，只要视线面向南方随梯而下，再穿越红色拱门而出，即可遥视一片清明无碍的天际，心胸立时感觉宽广不少。

视野所及，满眼皆是绿野仙踪，远处缓流的溪水，加上鳞次栉比的屋檐，在晴空万里下，那骄阳、小桥、溪流、人家、屋檐、远山，层次分明，无形中已将怡然丽景嵌入心底。

每当我感觉有压力时，只要思绪萦回旧梦，私心自会飞向那成片雨中竹林及万家灯火的屏东溪，即使徜徉片刻也好，也会令我立时忘忧。

不知有多少次，我需要借助其力，让本身日渐减弱的能量，在强行充电后，再打起精神来展望未来。

这三十年匆匆而过，佛光山四周的环境，现已完全改观，变得也不知怎么说才好，就只能说由沧海变桑田了吧，但每当我心中忆起过去的景象，依然美得让人忘却当下烦恼，只能说，活在我心中那洁净天地，并不因时日的蹉跎而改变。

言谈至此，啃锅巴的时间在哪里？别急……

“锵”“锵”“锵”，传来一阵铲子滑在锅底的声音……

“锵！”“锵！”远处传来一阵熟悉的声音，查看一下时间，嗯！又到了我要短跑的时候了。

短跑？吃锅巴与短跑怎会扯上关系？当然有关系啦，因为想要吃锅巴的人并不止我一个，班上同学，像慧安等人也是嗜吃锅巴的能手，所以在“高手云集”的情况下，必须要有短跑的举动。

我心中锅巴的颜色是以浅咖啡色为上选，因为选择颜色的关系，也必须要早到才行，否则跑慢三十秒，那就点不到我心中想要的颜色了，如此一来，啃锅巴的乐趣也丧失了，那多叫人泄气啊！

我在高中时，曾是班上的短跑健将，一百米的短跑时速，让体育老师惊为天人，但在当时，我并非体育方面的佼佼者，自己只是勉强交差，尽力而为而已。

佛学院那时候煮饭的工具，依旧延续古式的锅灶，使用超大型的铁锅，可放在燃烧柴火的灶口上去煮，必须将火候拿捏得很准确，才能煮出可口的米饭。

平日炒菜时，也需要准备大点的菜锅，才能煮出够百来位食用的斋菜。事实上，在厨房工作的人是很辛苦的，可别小看煮饭、做菜这类工作，若没有两把刷子，实难以胜任此职。

大厨难当是必然的，那洗菜抓码的则更难为，这一点都不夸张，也绝对不是开玩笑。

至于如何难为呢，就举例来说好了，有一天，我自动请缨到厨房去帮忙，只不过切了一些菜而已，却不小心把手指皮屑给切下来，结果小兵立大功，搞到那天差点要请大家加餐吃“牛肉”（我姓牛）了，当然这是说笑而已，素食自然是我们不二之选。

每次听到“锵、锵、锵”的声音，就感觉其音悦耳之极，我的肾上腺激素上升，马上会产生短跑的冲动。

但别急，先让我深呼吸一下，养精蓄锐十秒后，自己才会跑出最佳的水平来。果然不错，只听“唰”的一声——我已由东厢穿越大悲殿，经西座左转后拾阶而下，不用十秒，到了。

我发觉，人的两只脚的确比四个轮子的车好用，看！此时，我连刹车器也免了，精准无误，就自动在大铁锅前“立定”，多好啊！

眼前这位火头师，还在一铲一铲地把锅巴铲起，我站在一旁，眼睛也盯在锅巴上，连打招呼都免了。

“拜托，请你给我那一块。”我说。左右无其他人，心里暗自窃喜，只见一块滚烫的锅巴放在我手上，我随即塞进口袋，愉快地说声“谢谢”，就转身离去。

当我的口袋藏着锅巴时，真是坐立难安，在晚餐后，锅巴就成为我的饭后食品，我经常会选择坐在拱门外的阶梯上，口嚼着锅巴，眺望南方，缓缓的溪水横流而过，不需十分钟，就送走了夕阳余晖，在黯哑天色下，对岸人家则盏盏小灯渐次闪烁着清光。

我们饭后，只有二十分钟的休息时间，看下时间，也该回教室去自修了，当我啃完最后一小块锅巴，起身离去，依然会不舍地回头，看一眼对岸屏东溪的人家，那闪烁迷人的万家灯火，就在我踏进拱门后消失了。

5　今世因缘——佛光山之行

吴宇森与星云大师曾在西来寺会面，那是八年前，当天的一面之缘让大师快速决定，让吴宇森成为西来寺的顾问，且有文字镜框兹以证明。而我立于一旁颇有拈花一笑之感，心生欢喜且乐见其成。佛度有缘人，结缘嘛！要一步一步来，因此吴宇森现在也该算是半个佛光人吧。

吴宇森夫妇与星云大师等

那次是因为参加亚太影展的关系，我们南下到高雄，住在义大的度假村酒店，而义大度假村与佛光山同在高雄县大树乡区域，于是我们于十二月十八号，利用休息一天的时间，到佛光山去走一回。

其实我原本计划是以私人之行，悄悄地带领吴宇森微服出访，俩人乘车上山游走一圈就返回酒店，因此在前一日打电话请问慧传师父，主要是想避开招待外宾的繁文缛节，谁知我们的“悄悄”还是变成了麻烦。

因时间短促，我们参观了佛光山的大雄宝殿、宝藏馆及文物展览馆，非常感谢慧传师父如此安排，一切麻烦了，阿弥陀佛。

我们与慧传师父结识是在洛杉矶的西来寺，那时大家只见慧传师父是以轻松的聪慧去度化众生。但在我眼里，那位轻松喜颜的慧传师父，却是重责烦身，因为庞大西来寺的住持很难当啊！但慧传师父依然在西来寺当了十年的住持，后来因年限轮替转换，于二〇〇五年调回佛光山。

时日匆匆，我们又在高雄与慧传师父会面了。

时世变化让我不禁要自问，“缘”何在？缘要怎么说？

而我只能这样说：“缘”无处不在！

佛教界大师——星云上人，他用智慧淬化曾经的艰辛历炼；他用大度心包容了一切，其一生的精躬谦逊令人折服。何其幸运的，我曾是大师俗众之一的学生，而我却只在大师身上学到坚忍不拔的精神。

多年来，我依然认为自己是佛学院最不成材的学生，因为在大师身上，还有许多智慧没有领会到，异常可惜。

自己唯一聪明的地方是，把出家人出世的精神掺和在入世在家人的生活里，在婚姻生活中，仅带着些小的变化，却让自己如意地成为海角那颗自立的小黄花；话虽如此，依然自觉不足，我仍在不断地学习，想把智慧拥入怀中。

我常自认记忆力不好、脑又笨，要不断勤练才记得牢；因此笨与记忆不好，并不算什么；自己不行，可以去参考别的书籍、写下笔记，不妨多读几遍，好好用功来成就自己，人定胜天嘛！

如今，只要我愿意，就可用不同的角度，将一篇篇的古文给写出来，这可证明，后天的努力，是可以自我成就的。

用一句平凡的话来说："只要我能，你也能。"我不是个天才，有许多才艺我仍需要老师在旁教导，最重要的，就是靠自己抓紧时间去学，不要浪费时间。

现今我会弹钢琴、能拉二胡、能画国画、能裁缝、能做许多事，凡事都能，虽然看来稀松平常，但以前这些我都不会，唯一只知学习有益，就安排好时间，一项一项地去学，慢慢地就懂得取其善去其恶。

在后天的勤习里，仅希望自己在孜孜不倦中，能换取好因缘，而好因缘就是要靠自己去求得，不要等。

三十年来，人生的功课，我从来没有松懈过，当我深晓自修用功的好处时，更加用学习的心来弥补先天的缺失。黑暗的阴晦会让人很不舒服，但也只有用功一途才能翻转乾坤，让光亮现前。

自觉生命诚可贵，学习价更高，如此多年，我并没自我放弃过，这是自爱自重的好处，在此也鼓励每个人，好好对待自己的生命，学习自我承担。

我的一生很平凡，但要感谢的人却很多，因为在那一串感谢的人里，每一个人都是我的老师，每一位都成就了我今世的因缘。

附录 风雅颂画

上海—普陀山

寻踪觅影风萧萧，坎壈客路楼驿亭。
才人倘偻浼司花，清辉共翦冰心意。
朣胧深柳立螺髻，殊相疑是仙履处。
谯门遥岑征棹迴，岧晓闭宫参禅寂。

普陀山道场

烟霏奈风竹，凝情翻疑梦。
夜半传音来，晚钟惊暗鹊。
青磬常在侧，木鱼伴穷年。
岑寂褐森森，石陀隐风尘。

住在凤凰酒店内

千嶂蔫翠重重叠，旦暮盈盈水长流。
岛踯泛影漠漠映，船束萧疏比散丝。
湖中沙禽啾啾咯，竟夕深秋覆寒蛩。
淳安萝径曾为客，软语呢喃催风露。
悄然静寂别茅茨，浩然羁族若梦行。
鉴曲蹉跎为何因，凤凰独栖孤洲蒲。

春龍
2014

前往九华山

彩虹谷壑溪常流，远目险岭如帷幄。
烟漫云霞正飞舞，冷对立竹倚静渚。
青阳微风掠平湖，萋萋翠萝独恋花。
但见翠軿远方来，复问访客欲何往？
古刹穷径访前修，西峰山庄向九华。

九华山道场

新罗乔觉卓锡杵，无恃太清撼涵虚。
灵山潺溪山林客，袈裟一袭栓九子。
九霄悟悦拜经台，地藏自此乾坤定。
深入佛法世人仰，听闻四谛了生死。
未登天台叹遗恨，不入百岁一场空。

西域之行新疆游

西迪陌阳莉杞无人谕
域芜荒远煨尽如韭露
之侧遮罗胡杨鞍马远
行赊萧索拥隔惟礁门
新梦瀚海无据翠红旧
疆岭天山遥闻笙琶乐
游驿栖栖硕存日念昨

春龍
2014年
8月31日

春夏秋冬

岁末苍黄寒梅远
欻忽早春恨旋抹
陌阳凭倚千翠嶂
料峭驿马惟青翼
空蒙岑寂犹未识
生魄死霸嗟难赋
夜雨芭蕉向枝头
翠冷红斜已凋零

瑞雪兆丰年

腊月冬日竟未远，惊传雷咤暗夜鸣。
耿耿微影渐朏明，欣然满目映缟素。
驰年睽违鹤飞逝，近期始驻于当前。
遥视峰峦银枝罩，方晓岁末时移短。
莫问塑望遽然止，白大犹恋梅花漏。
朝忱拜贺应吉祥，年年岁岁兆丰收。

阿诗玛

佳人丽色若西子
霞光潋滟难自掩
霸狎何殊沐猴冠
身系囹圄孤云处
雕鸾欲藉吴钩往
奈何蒲柳早衰逝
借问世情为何物
但叫簪髻长相随

春龍
2014年
8月21日.

红楼幽梦

红楼幽梦何处觅？
晚风起，
柳烟漫，
柔缕瞬息入蜃楼。
韡文细，
微惊月来空弄影，
千杯尽，
醉问欢爱今何在？
难回首，
水榭台池问生死。
撒寰惆，
六欲空，
落得残照朱门！

赤壁侧写

遥观赤壁千仞嶂
叶落姹姿晨曦远
草船借箭东风至
蒙柳峭岭澶渊滋
百万甸服崿寂寥
懵然对峙分泾渭
曷故矢矟声禢圮
曩昔嫔罴御辕轆
歙歔山川无所怙
欵问天下第一州

春龍
2014年
10月6日(東京)

柿柿如意
(鉄發!)

半坡雪中亭

曙光银裹现金华，雾隐纵横店，冷飕青牖暗透寒。

松樵浮圆竖村郊，檐角峭峙；焦巖别有天，难见春时红。

哀孤鸿，池中掠影；何堪柳垂枝，怨植半坡雪中亭。